心智圖超強工作術

——提升效率，共享know-how

中野禎二◎著　石學昌◎譯

目次

CONTENTS

序言 心智圖工作術

由於我長期任職於IT產業，因而有機會接觸各式各樣的IT工具。在此同時，我也致力於開發嶄新的IT工具。然而，即使今日輔助思考的IT工具種類多到令人眼花撩亂，我卻覺得當中仍有許多不足之處。現代人往往必須依賴各種IT工具方能進行工作，一旦缺少IT工具的協助，便會產生思考無法連貫或執行企劃時綁手綁腳等狀況。IT工具的開發者通常會認為這種狀況是理所當然的，而且使用者用久了自然也會習慣這樣的模式，就如同大部分的人都認定「紙、筆與白板是最完美的思考輔助工具」。

基於上述背景所誕生的「心智圖工作術」，並非只是用於激發創意或記憶事物的單純技巧，而是能夠成為「工作助力」的多元技術。隨著能在電腦上使用且功能齊全的各式心智圖軟體紛紛問世，導入心智圖的企業也與日漸增，當中有不少企業經營者因為打從心底信任心智圖的功效，而以「由上而下法」（Top-Down）將其導入工作現場。藉由製作心智圖、將知識與智慧加以視覺化的過程，可使工作效率獲得大幅提升，此優點確實是許多企業始料未及的。邁入二〇〇七年之後，將原本由業界前輩所擁有的經驗知識（非形式知識）轉化為形式知識，並傳承給年輕世代的任務，已成為各業界不可規避的當務之急，而心智圖正是能在傳承各項知識與技術時提供強力支援的最佳工具。

心智圖雖然不能完全取代「紙、筆與白板」等長久受到信賴的工具，卻仍然能獲得大多數上班族的認同，正是因為心智圖具有能夠廣泛運用於多種作業場合的功能。而本書則將重點放在於職場活用心智圖應具備的各項知識與技巧，並深入探討其原理及效果，期能幫助各位讀者對心智圖有更深入的理解。

二〇〇六年十一月　中野　禎二

第一部

準備篇

何謂心智圖？

1 心智圖的特色

心智圖是由東尼．博贊（Tony Buzan）所發明的創意開發法。其詳細的繪製流程於東尼．博贊所著的《心智圖聖經》（*The Mind Map Book*）一書中有更完整的解說。

心智圖的特色大致如下。

- 使思考柔軟化並解除思考的限制。
- 能夠綜觀整體內容，而不致遺漏任何重點。

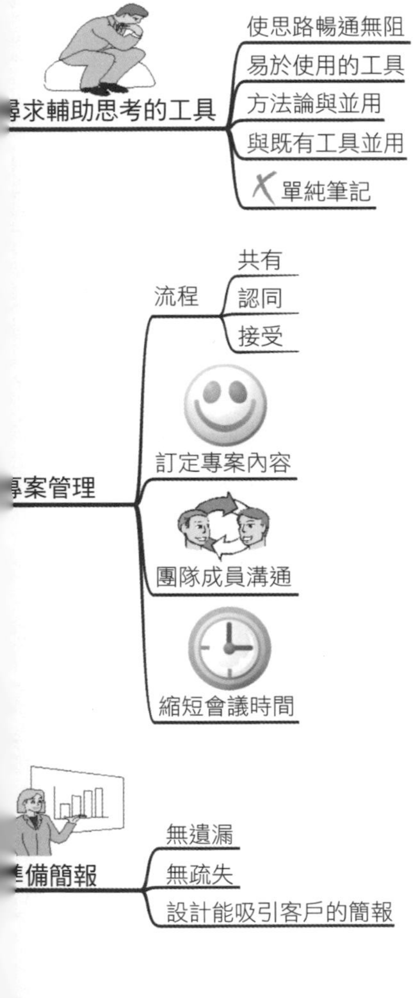
尋求輔助思考的工具
使思路暢通無阻
易於使用的工具
方法論與並用
與既有工具並用
單純筆記
專案管理
流程
共有
認同
接受
訂定專案內容
團隊成員溝通
縮短會議時間
準備簡報
無遺漏
無疏失
設計能吸引客戶的簡報

心智圖的特色

- 圖像表現較文字容易理解，接受度也相對較高。
- 能夠簡化將經驗知識轉化為形式知識的過程。
- 透過顏色、圖像等表現，能夠強化閱圖者直覺理解的效果。
- 能夠作為輔助理解事物的圖解技術。
- 能使閱圖者更

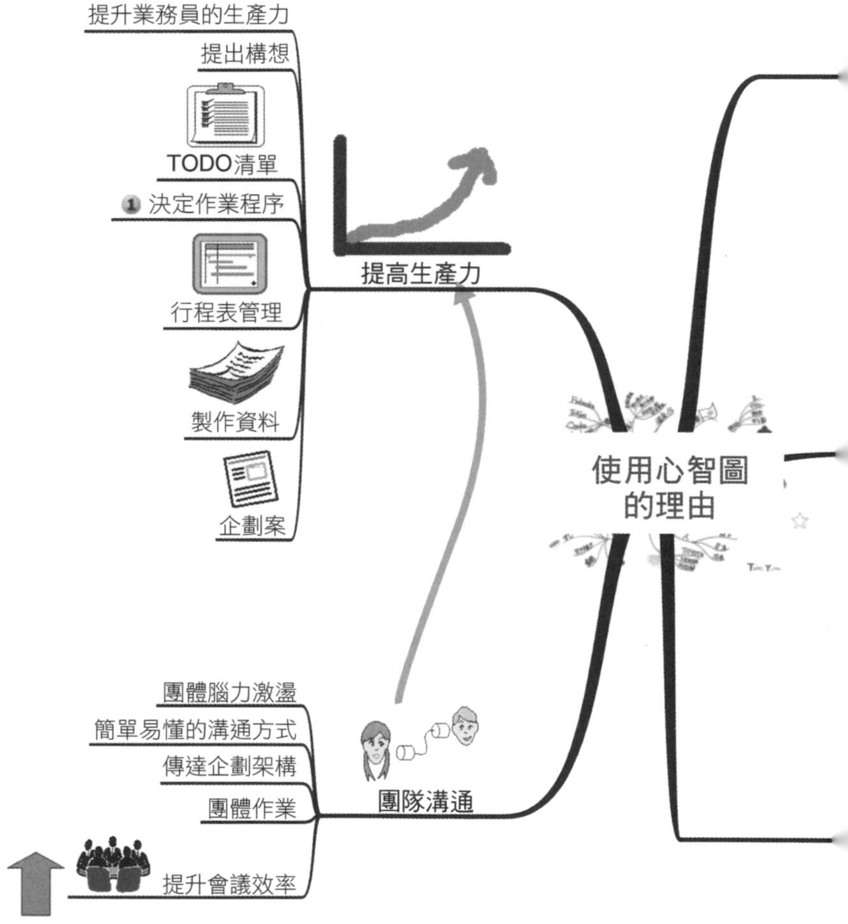

使用心智圖的理由
提高生產力
提升業務員的生產力
提出構想
TODO清單
1 決定作業程序
行程表管理
製作資料
企劃案
團隊溝通
團體腦力激盪
簡單易懂的溝通方式
傳達企劃架構
團體作業
提升會議效率

▲圖 1

容易理解己方的想法。

實際在職場中運用心智圖時，必須將重點置於「繪製出能使他人輕易理解的心智圖」。若在心智圖中使用只有自己才看得懂的關鍵字或圖示，將無法使對方充分理解，因此，在繪製時必須多下點工夫，好讓閱圖者能夠透澈理解內容。

接下來，讓我們進入實際繪製心智圖的步驟。無論是以電腦或是手繪方式製圖，如右頁圖1中的橫向配置均為最基本的格式。本書由於版面上的限制，因此有時會出現如圖2般的縱向配置圖，或是由中間向右側延伸分支等格式。

此外，關於心智圖的基本繪製法，也可參考東尼・博贊所著的《心智圖聖經》與本書另一姊妹作《心智圖練習本》（參照書末參考文獻）。

心智圖的繪製方法

❶準備一張白紙，橫放於桌上。

❷在白紙正中央寫上作為主題的字串，並在其周圍畫上與該字串相關的圖像（或圖案）。

❸由正中央開始向周圍延伸分支，並於各分支線上，寫上與中央字串或圖像相關的標題，分支線的長度應與標題字串的長度相同。越接近中央的分支線應越粗，而越接近末端的分支線則應越細。另外，標題的數目若過多將會導致閱讀上的困難，因此應控制在七項以內。

❹接著在各標題之後寫上相關的副標題。只須寫出當下所想到的、足以表現該標題內容的關鍵字即可。

❺在繪製各標題的分支時，要盡量繪出平順美觀的線條。

❻使用的單字應具備次序性（依照性質排列順序）或邏輯性為佳。

❼將分支線及單字塗上顏色。

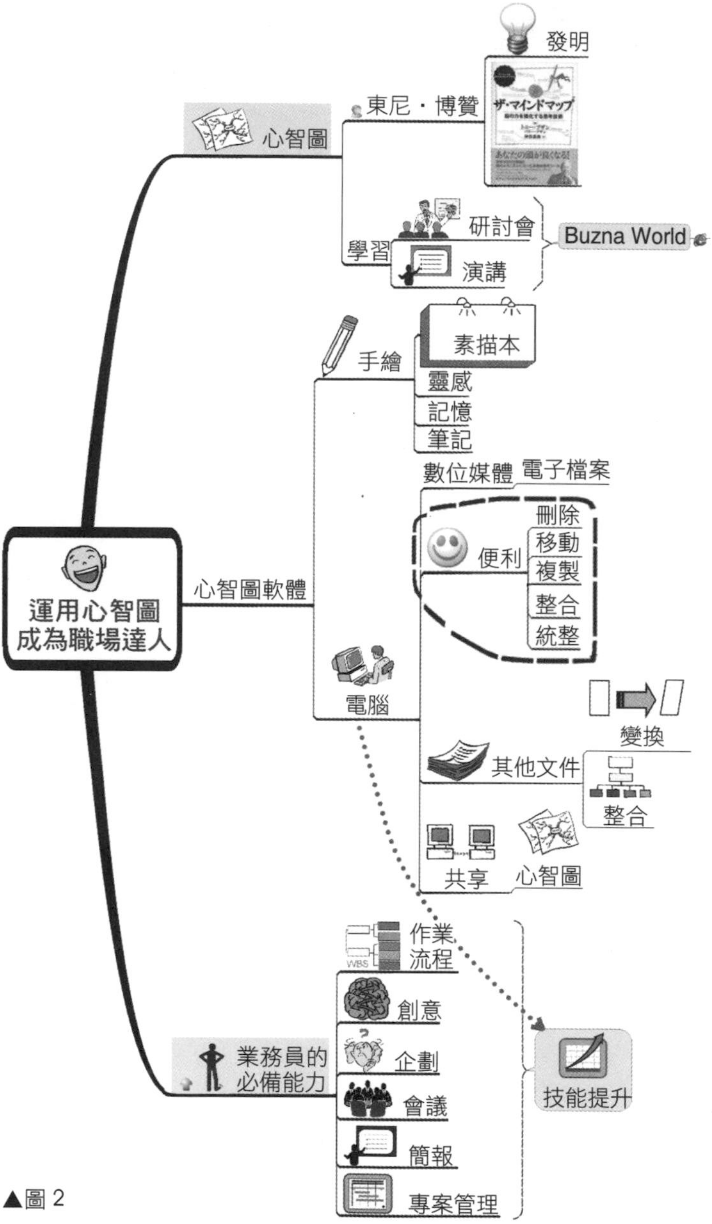

▲圖 2

❽在分支字串的前後加入符號或圖案（圖像文字）。

❾想要強調分支線上的單字時，可使用圈選或著色等方式。

❿想要強調某一區塊的分支線時，可將整塊區塊加上框線或加上色塊。

⓫檢視整體架構，並於其中加入誇張、幽默等表現方式，藉以創造出豐富多變的特色。

第二部

第1章

心智圖工作術

首先，讓我們來思考一下如何在工作上運用心智圖。心智圖雖是用來開發創意的工具，但其最基本的功能，仍在於協助工作的進行，讓使用者能夠順利完成工作。當有新進職員進入公司時，我通常會先交給他們說明工作程序的心智圖。由於大多數的新進職員在踏入職場前，都不曾在學校學習過如何正確理解他人所交代的工作，因此，當聽到上司提出「把這份工作完成」這樣的要求時，時常會提交自己認定「已完成」的成果，以致屢屢遭到被打回票的難堪場面。

我曾經試著從二十世代的年輕職員身上尋找上述情形的原因，結果發現，有許多上司並不會主動指導部屬工作的方法，而總是希望部屬能自動自發地「觀摩學習」。像這樣指派工作卻未詳細說明的情形，可說是職場上常見的情況。對於這種情況，只要讓部屬學會使用心智圖來理解工作內容，那麼即使上司的說明不足，部屬也能藉由心智圖來確認個人手上擁有哪些資訊，進而找出工作的程序與進行方向。

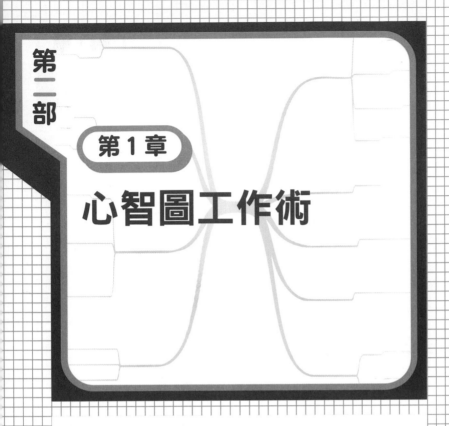

第1章 1

承接工作

首先所要面對的難關即是如何承接工作。當上司交待工作下來時，自己必須正確地理解工作的內容與程序。事實上，這是相當深奧的步驟，菜鳥與經驗豐富的業務員對同一份工作的理解必定會有所差異，而部屬的定位也會因上司的認知不同而改變，因此，如何與上司建立良好的溝通與互動管道，通常是許多業務員的煩惱。

此時若能善加運用心智圖，便能將腦中混亂的想法整理成條理分明的內容。在承接上司所交待的工作時，即可好好活用心智圖所具備的這項優點。

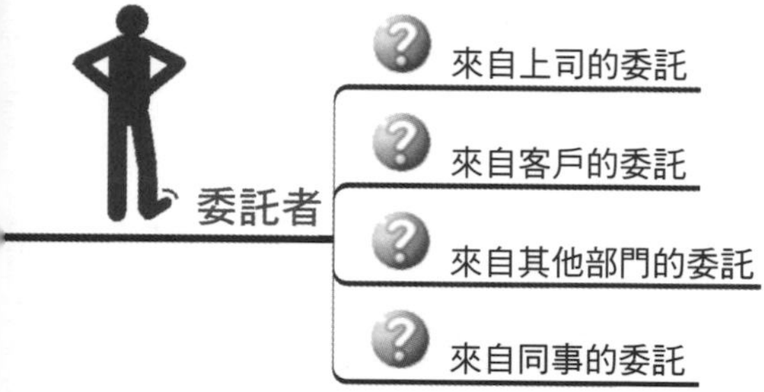
委託者
來自上司的委託
來自客戶的委託
來自其他部門的委託
來自同事的委託

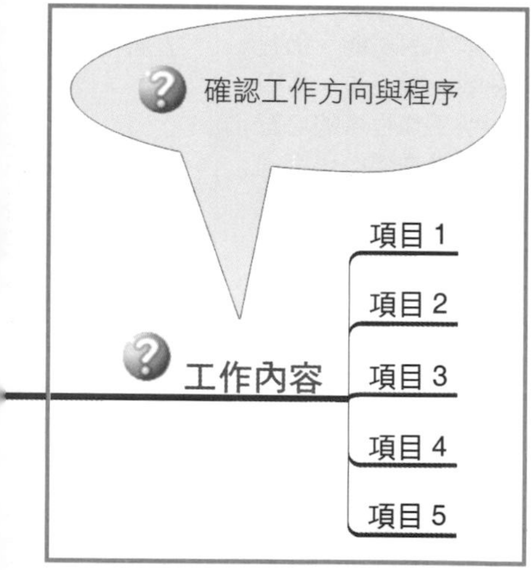
確認工作方向與程序
工作內容
項目 1
項目 2
項目 3
項目 4
項目 5

❶理解工作內容

當上司高分貝地大喊「○○，過來一下。」你是否會立刻空著手趕過去呢？資歷尚淺的業務員通常應隨身攜帶紙筆，以防遺漏上司的交辦事項，但若是已相當習慣這種情況的業務員，則可空手聽完上司交待的內容後，再回到自己位置上作重點整理即可。

而除了上司之外，你也可能會從客戶、同事或其他部門等處承接工作，此時只要使用心智圖來加以整理，便能確實地完成每項委託。圖1－1即是將各工作項目以分支形式表現的心智圖。當他人對於工作內容提出問題時，也可將回答整理在心智圖上，便能夠一目了然。

近來透過電子郵件委託工作的情況也逐漸增加，這種時候只要使用電腦心智圖軟體，即可輕鬆

▲圖 1-1

地將郵件內容轉成容易閱讀的分支狀心智圖（參考第110頁）。

❷工作成果應以何種形式提交給委託者？

在職場上，忘記詢問委託者該如何提交工作成果的情形屢見不鮮，例如：委託者可能需要列印出的書面報告，或以電子郵件寄送電子檔，較緊急的情況甚至需要進行口頭報告等。相對地，較簡單的工作則僅需以簡報形式呈報即可。無論委託者所期望的提交形式為何，都應於承接工作前確認。

另外，也要記得確認工作成果的提交對象，例如：有時完成的報告除了要呈交給交付該工作的上司外，還必須同時影印給其

確認工作方向與程序
項目1
項目2
工作內容
項目3
項目4
項目5
承接工作
提問

承接工作

他人。圖1－2即是將工作成果與提交對象同時放入心智圖的範例。

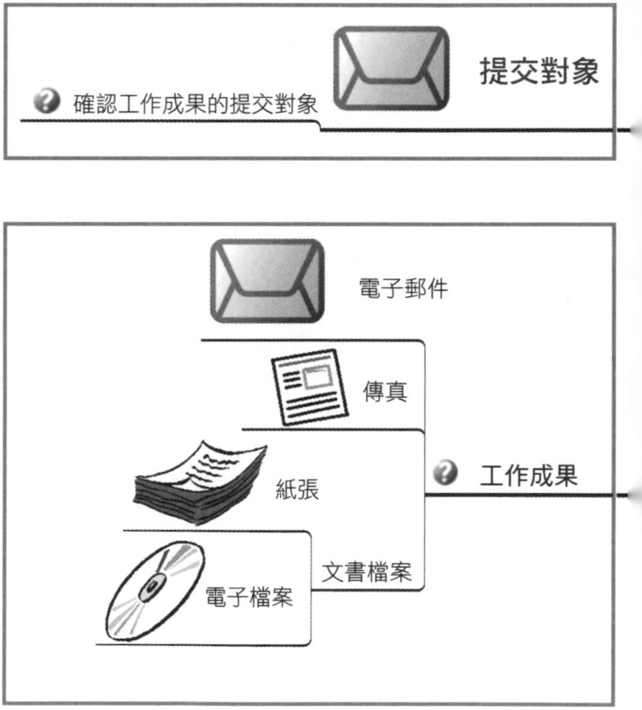

▲圖 1-2

❸確認成果品質、成本與提交日期

品質管理即是所謂的QCD（Q—品質、C—成本、D—提交日期），同時也是承接工作時最重要的部分。當中的品質控管對於資歷尚淺的員工而言，尤其是一大難題。

當上司丟下一句「明天之前把這份資料整理出來」時，其所要求的成果品質究竟必須達到何種水準呢？

在有範本可依循的情況下，或許只要達到與參考範本相同的成果，就稱得上是高品質，但若上司光以口頭要求品質的話，往往會令部屬無所適從。因此，必須先確立雙方均能理解的品質定義，並訂出關於品質的要求規格。另外，也必須如圖1—3所示，將成本（工作時數）與提交

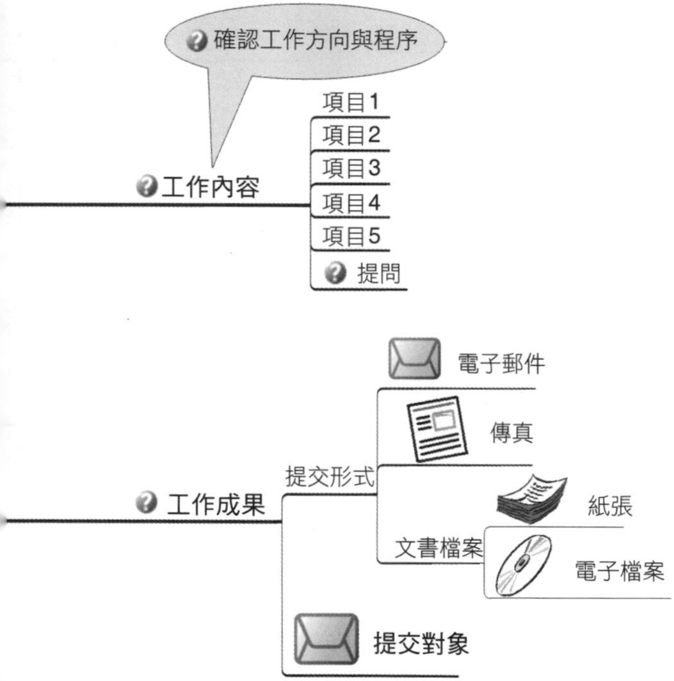

確認工作方向與程序
工作內容
項目1
項目2
項目3
項目4
項目5
提問
工作成果
提交形式
電子郵件
傳真
文書檔案
紙張
電子檔案
提交對象

日期註記在心智圖上。

由於成果品質、所需成本與提交日期三項要素彼此密切相關，因此，承接工作前務必要先向上司確認。

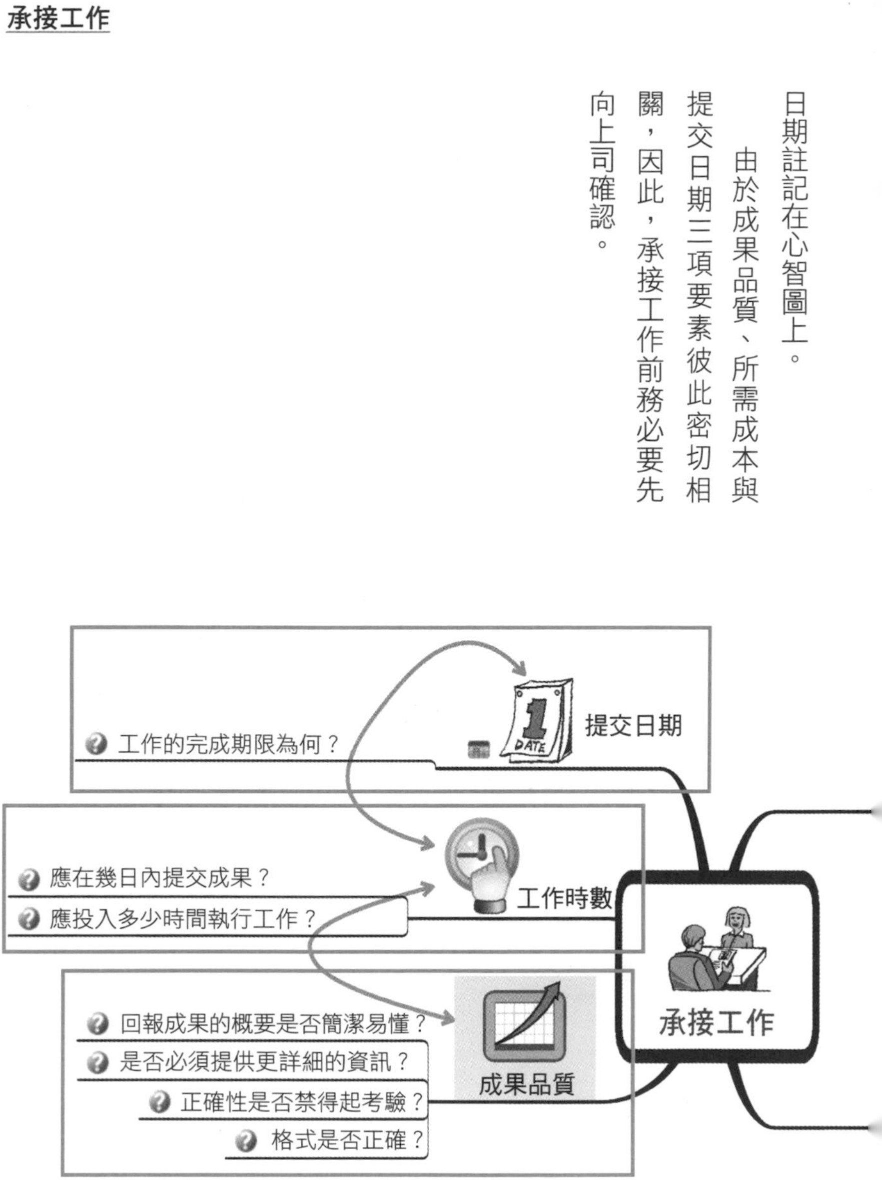
承接工作
提交日期
工作的完成期限為何？
工作時數
應在幾日內提交成果？
應投入多少時間執行工作？
成果品質
回報成果的概要是否簡潔易懂？
是否必須提供更詳細的資訊？
正確性是否禁得起考驗？
格式是否正確？
承接工作

▲圖 1-3

❹詢問工作目標與背景

圖1—3當中已明確地標記出QCD三項要素，但實際上，在承接工作時除了要考慮QCD之外，確認該工作的目標與背景，也是相當重要的步驟。若在不明瞭目標與背景的情形下貿然開始工作，將可能造成作業方向錯誤，甚至可能導致成果與上司期望相悖而白忙一場的結果。當然，對於這樣的結果除了執行者要負責之外，未明確告知目標與背景的委託者也有責任。

因此，在承接工作前，務必先向上司釐清各項相關問題，例如：

●「這項工作是否與目前正在進行

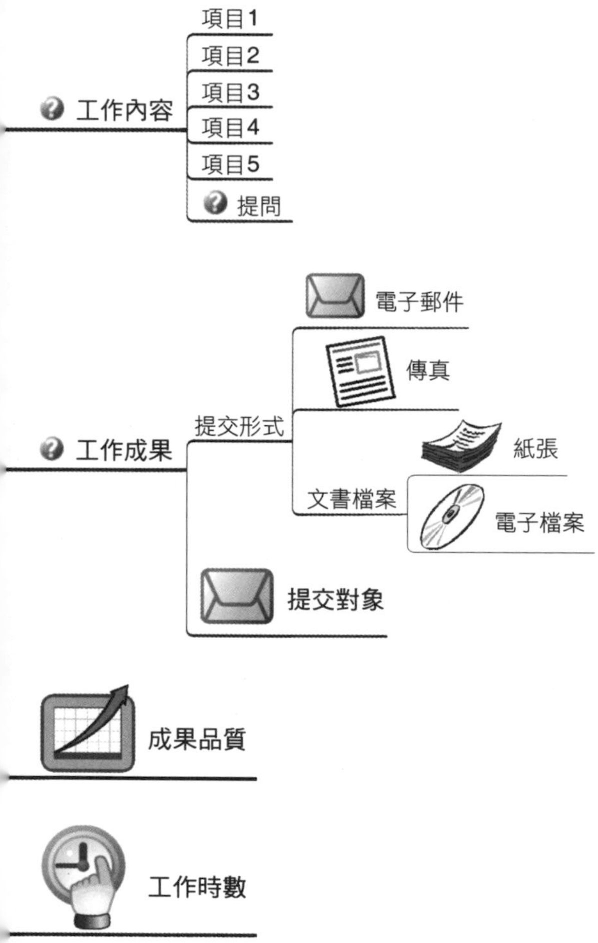
工作內容
項目1
項目2
項目3
項目4
項目5
提問
工作成果
提交形式
電子郵件
傳真
文書檔案
紙張
電子檔案
提交對象
成果品質
工作時數

的專案有關？」

- 「請問這份資料將用於何處？」
- 「請問這份工作是否相當緊急？下週之前提交來得及嗎？」

在確認過相關問題之後，進行工作時的心情也會因此較為穩定。

實際範例則如圖1－4所示，將工作的目標、背景等均寫入心智圖中即可。

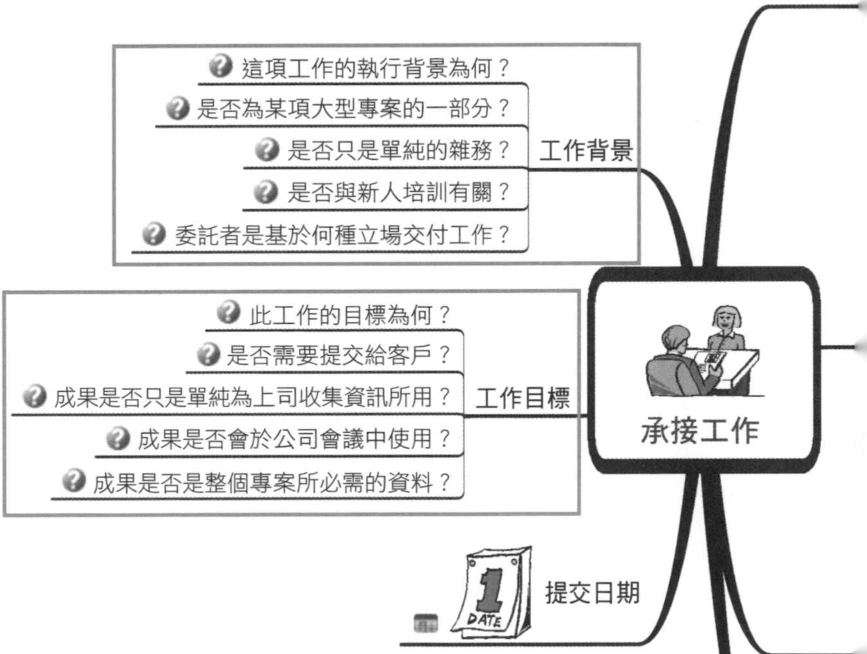
承接工作
工作背景
這項工作的執行背景為何？
是否為某項大型專案的一部分？
是否只是單純的雜務？
是否與新人培訓有關？
委託者是基於何種立場交付工作？
工作目標
此工作的目標為何？
是否需要提交給客戶？
成果是否只是單純為上司收集資訊所用？
成果是否會於公司會議中使用？
成果是否是整個專案所必需的資料？
提交日期
1
DATE

▲圖 1-4

❺承接工作時的重點

想要順利地完成工作，首先必須克服的最大難題即是「如何正確地承接上司所交待的工作」。研究指出，言語所能傳達的內容僅占整體內容的一○％以下，而將近九○％的內容則可能透過非言語訊息（Nonverbal）傳達給對方。也就是說，上司可能會藉由委託工作時的表情、音調的抑揚頓挫、態度等差異，來表現自己對工作成果的期待程度。因此，若部屬只針對上司委託的內容回答「是的，我會照辦。」便可能造成委託者的不安。就我的經驗來看，由於上司所表達的內容通常屬於非形式知識，因此，才會對部屬能否理解自己所說的內容並確實執行感到半信半疑。

而將工作內容轉換成心智圖則具有以下兩項優點：

❶能俯瞰整體工作內容而避免有所遺漏

❷能將非形式知識轉為可學習的形式知識

達到委託者所要求的品質
1 觀察上司的態度
聲音
抑揚
頓挫
表情
肢體語言
理解上司除口頭說明之外所希望傳達的各項訊息

此外，藉由將心智圖的分支著色或加上圖示等方式，也能充分地將上司的非語言內容表現出來。

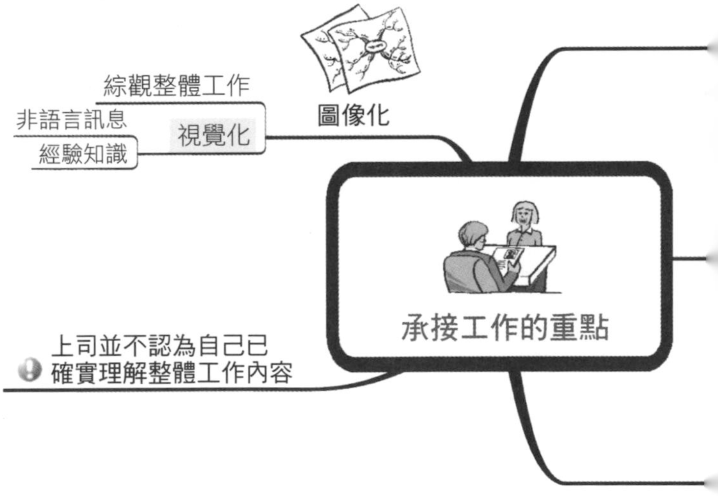
綜觀整體工作
非語言訊息
視覺化
經驗知識
圖像化
承接工作的重點
上司並不認為自己已
確實理解整體工作內容

▲圖 1-5

2 訂定工作計畫

向上司確認過工作內容之後，接著便要拆解工作以整理出適合個人的作業順序，此動作稱為「工作細項規劃」（Task Breakdown）。而將工作切割成許多細項所完成的結構圖則稱為「工作分解結構圖」（Work Breakdown Structure, WBS）。簡單來說，無論處理的是僅需半天即可完成的簡單工作，或是須耗費數日的繁瑣工作，都應先進行工作細項規劃，方可提升工作效率。

❶進行工作分解（WBS）

首先，如圖1—6般將上司交付的工作切割成數項細部作業，而由多項細部作業所構成的分解結構圖即稱為WBS。在進行工作分解時，應以完成分解後的各項細部作業為進行主軸，並思考如何將工作成果運用在下一次的工作上，如此便能構成一良好循環。要將分解後的各項作業繪製成心智圖時，應避免過度謹慎，即使偶有錯誤也不須過度在意，

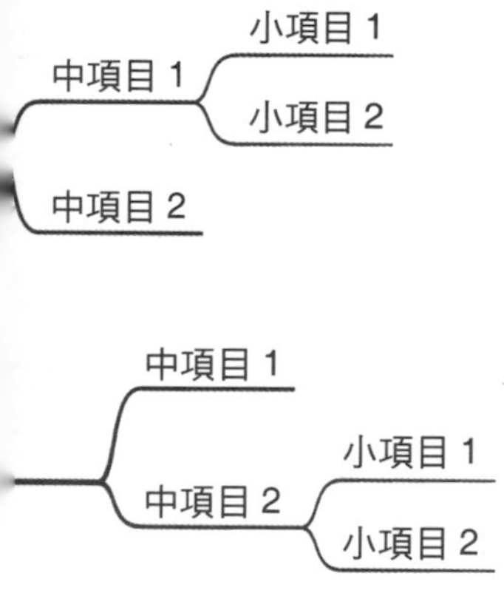
中項目 1
小項目 1
小項目 2
中項目 2
中項目 1
中項目 2
小項目 1
小項目 2

只要先將所想到的內容盡速完整地記在圖上即可。

關於WBS的詳細解說，可參考霍根（Gregory T. Haugan）所著的《*Work Breakdown Structures*》一書。

❷進行工作分解的注意事項

準備將工作分解成數項細部作業時，所需要的資訊應該就會開始接連不斷地湧進腦海中。若此時腦中仍是一片空白的話，就代表個人仍欠缺獨力完成整項工作的能力。但事實上，一位新進職員或資歷尚淺的人非常容易碰上這種狀況，因此也不須過度擔心。遇到這種狀況而無法順利進行工作分解的讀者，可參考以下「爭取上司認同」的內容來加以克服。

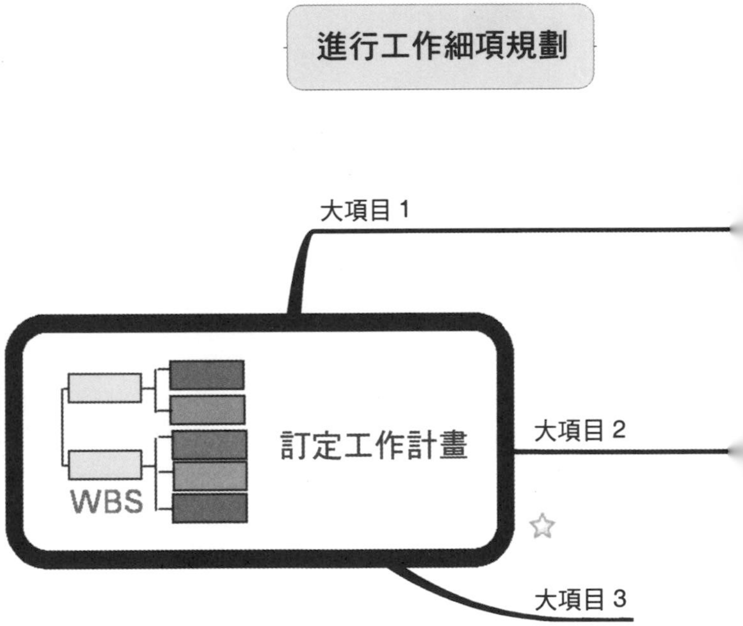

▲圖 1-6

至於進行工作分解時所應注意的重點則整理在圖1—7之中。

❶是否詢問過他人的意向？

❷是否已確實告知他人？

❸是否有必須委託他人的工作項目？

❹除了上司交代的工作之外，是否還有其他必須完成的事項？

❺承接此工作前是否已確實進行過事前調查？

❻是否有必須事先與他人溝通的事項？

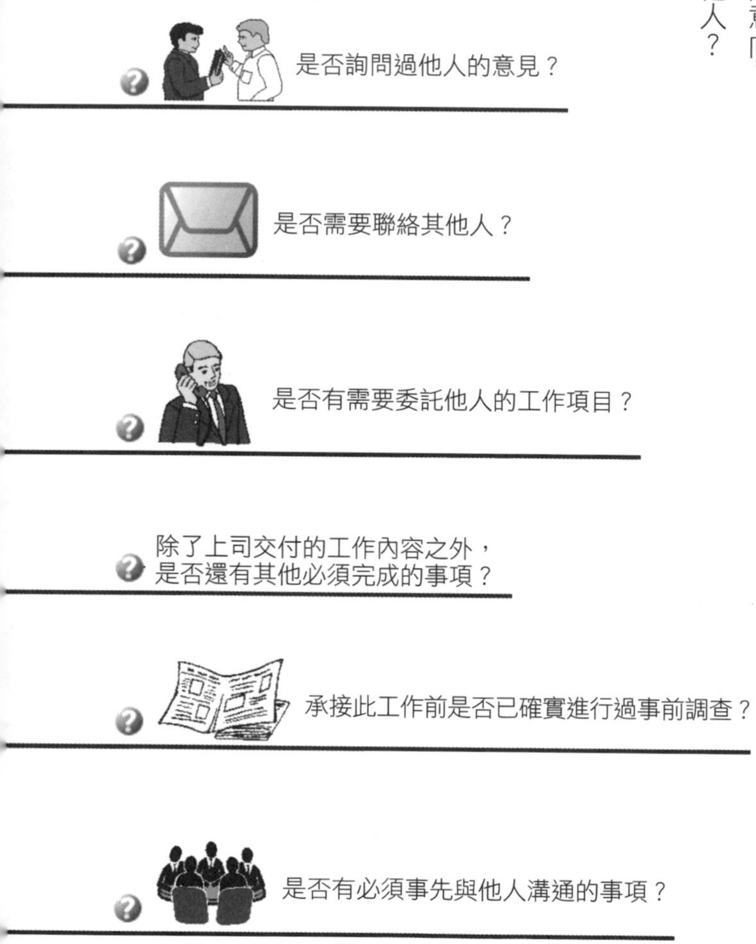
是否詢問過他人的意見？
是否需要聯絡其他人？
是否有需要委託他人的工作項目？
除了上司交付的工作內容之外，
是否還有其他必須完成的事項？
承接此工作前是否已確實進行過事前調查？
是否有必須事先與他人溝通的事項？

❸爭取上司認同

成功地分解自己所承接的工作之後，便可將完成的心智圖呈交給上司審核，藉以獲得上司的認同。若上司不習慣使用心智圖的話，則可將心智圖轉換為一般文件或 Excel 等格式，只要透過電腦中的心智圖工具，即可輕鬆轉換格式。

對於以細項規劃格式完成的心智圖不太有把握時，則可重新檢視內容，並針對當中不確定的項目向上司請教。如此一來，不僅能讓上司明確掌握你對工作的理解程度，也能立即指出心智圖當中的錯誤並加以糾正。

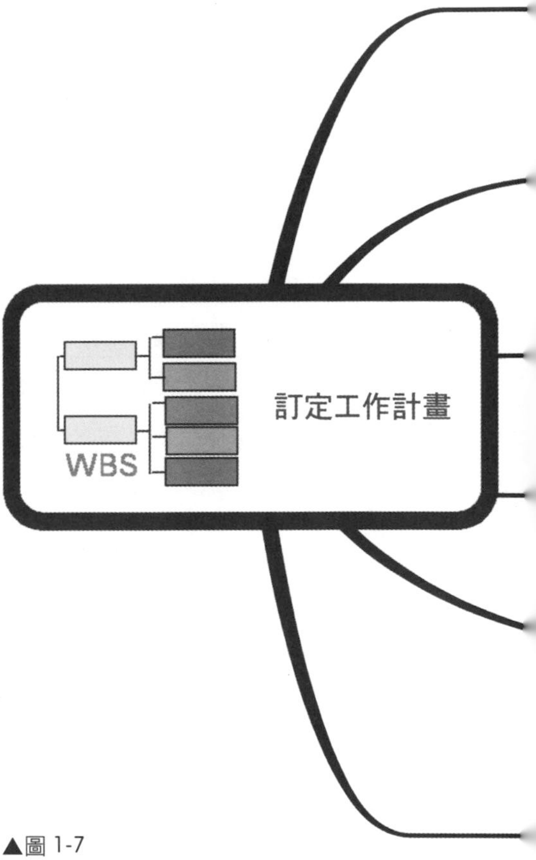

▲圖 1-7

第1章

3 執行計畫

當自己所訂定的工作計畫獲得上司的認同之後，便可進入最後的執行階段，也就是依先前所完成的ＷＢＳ，來依序進行各項作業。

而在實際作業時，必定會遭遇許多突發狀況，因此，定期做好工作進度管理並確實向上司回報，是十分重要的。

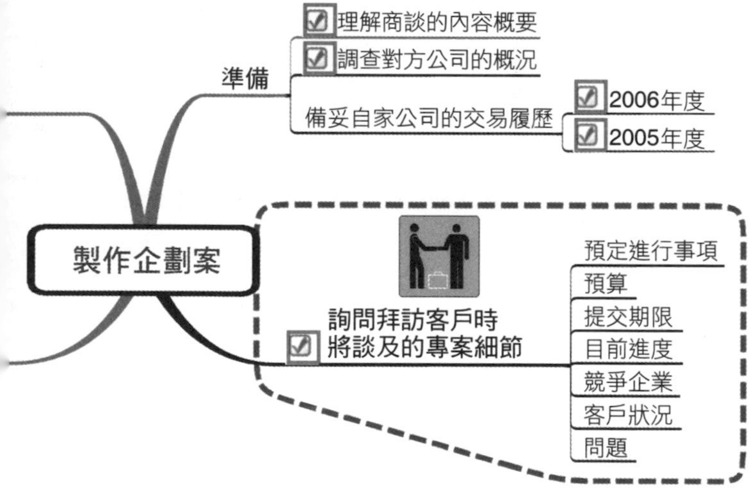
製作企劃案
準備
理解商談的內容概要
調查對方公司的概況
備妥自家公司的交易履歷
2006年度
2005年度
詢問拜訪客戶時
將談及的專案細節
預定進行事項
預算
提交期限
目前進度
競爭企業
客戶狀況
問題

❶管理工作進度

圖1－8為用來管理個人工作進度的心智圖，此圖是以業務員負責統整上司提交給客戶的企劃案為例。

為簡化工作內容，首要步驟即是進行工作分解，再於各分支細項前標示確認進度的記號。如□表示尚未著手進行的工作項目，而☑則代表已完成的工作項目。

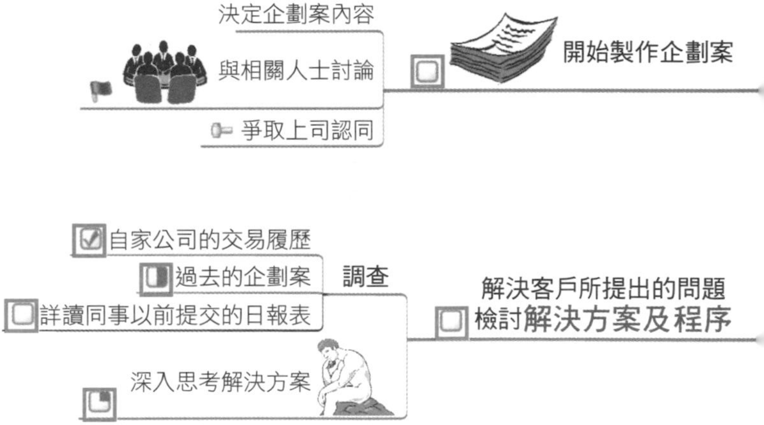

開始製作企劃案
決定企劃案內容
與相關人士討論
爭取上司認同
解決客戶所提出的問題
檢討解決方案及程序
調查
自家公司的交易履歷
過去的企劃案
詳讀同事以前提交的日報表
深入思考解決方案

▲圖 1-8

❷檢討工作計畫

受到作業環境內外的各項因素影響，起初所訂定的工作計畫隨著工作進展經常會產生變化。圖1－9即是於圖1－8的工作計畫中加入以下三項分支內容後所繪成的完整心智圖。

❶調查其他競爭公司提供給客戶的解決方案內容。

❷調查業界動向，藉以擬定提升自家公司爭取客戶的競爭力的策略。

❸由於仍有從業務角度無法判斷的事項，因此，在進行工作時應多詢問公司內部技師的意見。

藉由反覆檢討，來修正原先制定的工

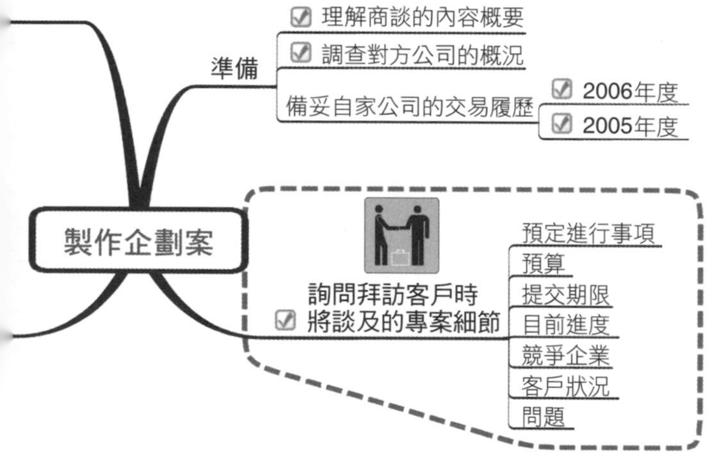
製作企劃案
準備
理解商談的內容概要
調查對方公司的概況
備妥自家公司的交易履歷
2006年度
2005年度
詢問拜訪客戶時
將談及的專案細節
預定進行事項
預算
提交期限
目前進度
競爭企業
客戶狀況
問題

執行計畫

作計畫，以及補足計畫中所欠缺的項目，並重新檢視既有的作業項目是否確實有其必要性。而依據工作內容與性質的不同，決定是每天進行檢討動作，或每週進行一次。透過此方式，也能讓上司能夠隨時檢視自己所擬定的工作計畫。

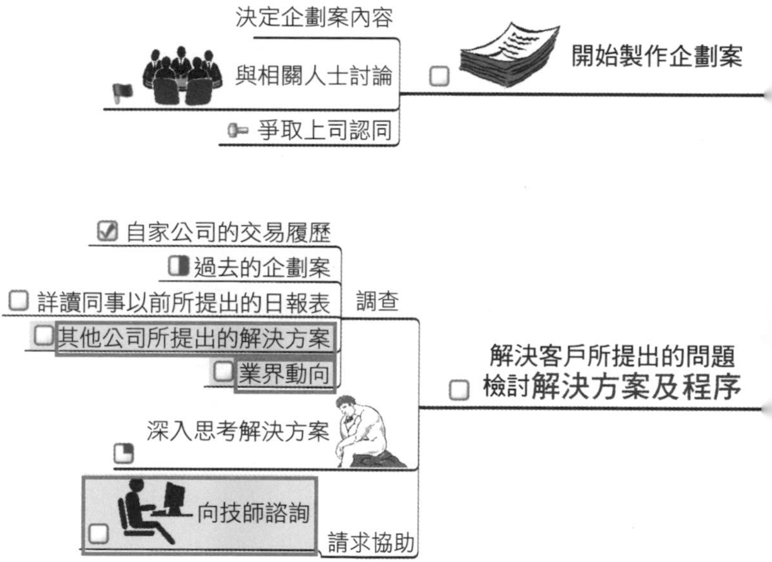
開始製作企劃案
決定企劃案內容
與相關人士討論
爭取上司認同
解決客戶所提出的問題
檢討解決方案及程序
調查
自家公司的交易履歷
過去的企劃案
詳讀同事以前所提出的日報表
其他公司所提出的解決方案
業界動向
深入思考解決方案
請求協助
向技師諮詢

▲圖 1-9

❸時間管理（設定提交日期）

若希望更加順利地完成工作，時間管理是不可忽略的重要環節。但實際上，嘗試過多種方法卻無法確實作好時間管理的人仍不在少數，因此，在這裡將為大家介紹以心智圖來進行時間管理的方法。

一份工作必定會伴隨著所謂的提交期限。而在將工作分解成多項細部作業後，即可如圖1－10般分別為各項作業設定提交日期。除了與客戶約定會面等被動行程之外，一般作業均可先設定好預計完成日期。即使在作業過程中有所變更也無妨，重點在於透過設定工作的預計完成日期，來使整體作業時間與

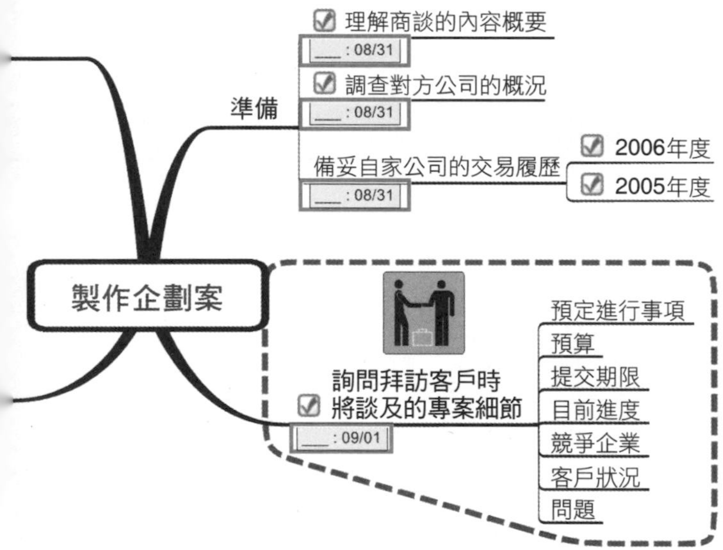

製作企劃案
準備
理解商談的內容概要
___ : 08/31
調查對方公司的概況
___ : 08/31
備妥自家公司的交易履歷
___ : 08/31
2006年度
2005年度
詢問拜訪客戶時將談及的專案細節
___ : 09/01
預定進行事項
預算
提交期限
目前進度
競爭企業
客戶狀況
問題

執行計畫

流程更加明確。

我本身平時也會使用電腦心智圖軟體，來製作與管理週計畫表。如圖1－10的範例即是以分支形式將必須於當週完成的事項列於心智圖上，如此一來，便絕對不會遺漏當週應完成的事項。

另外，也可藉由心智圖中各項工作的完成時間，來決定進行工作的優先順序。即使過程中臨時接下其他工作，也可透過心智圖輕鬆地調整原訂工作的優先順序，而不至於手忙腳亂。

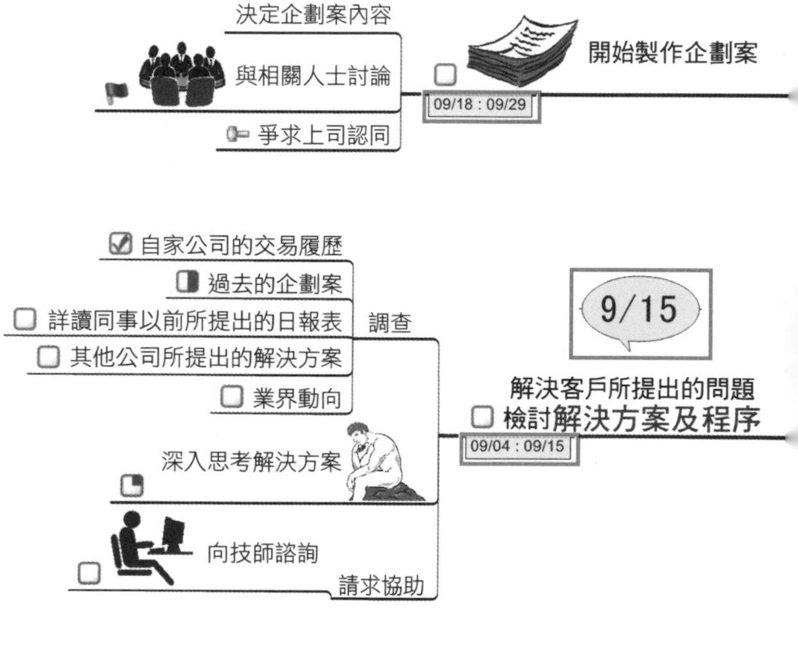
開始製作企劃案
09/18 : 09/29
決定企劃案內容
與相關人士討論
爭求上司認同
9/15
解決客戶所提出的問題
檢討解決方案及程序
09/04 : 09/15
調查
自家公司的交易履歷
過去的企劃案
詳讀同事以前所提出的日報表
其他公司所提出的解決方案
業界動向
深入思考解決方案
請求協助
向技師諮詢

▲圖 1-10

第1章 4

使用心智圖進行生活管理術

在這一節我要為大家說明的是，如何利用心智圖來實行近來蔚為話題的「生活管理術」（Life Hacks）當中的GTD（Getting Things Done，即工作管理）。基本上，GTD可透過下列五個步驟來達成：

❶收集
❷處理
❸整理
❹檢討
❺執行

步驟❶「收集」與繪製心智圖時的首要步驟相同，即是將腦中想到的「待辦事項」全數寫下。

而「處理↓整理↓檢討↓執行」這樣的流程，也能透過心智圖來提升其執行效率。

❶GTD中的處理步驟

GTD的步驟❷「處理」的實行過程如圖1—11所示。

雖然乍看之下有些複雜，但只要仔細檢視，便不難發現其與日常使用的TODO管理法有許多相似之處。GTD即是從「待辦事項」來著手管理的思考模式。在繪製心智圖時，也可依個人習慣來設定圖面配置。

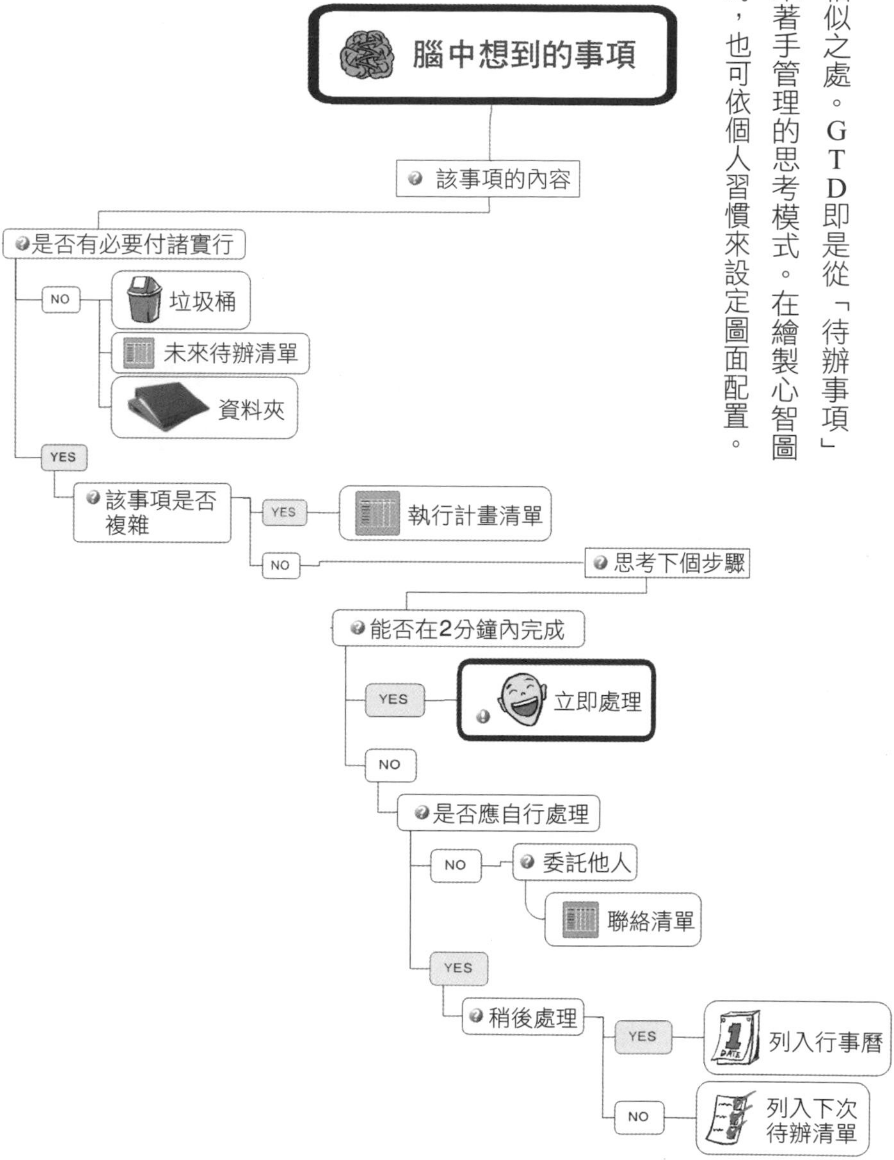

▲圖 1-11

❷將ＧＴＤ與心智圖相互連結

以心智圖來實行GTD的流程如圖1－12所示。

❶開始規劃GTD的流程時，必須先將想到的「待辦事項」全部寫入心智圖。心智圖和條列式寫法的差異在於心智圖能幫助使用者聯想出相關待辦事項。若無法順利地聯想時，也可依照類別加入關鍵字來引導聯想，例如：

- 每日瑣事
- 與個人相關的計畫
- 具急迫性的工作
- 須投入長時間來處理的工作
- 上司交付的工作

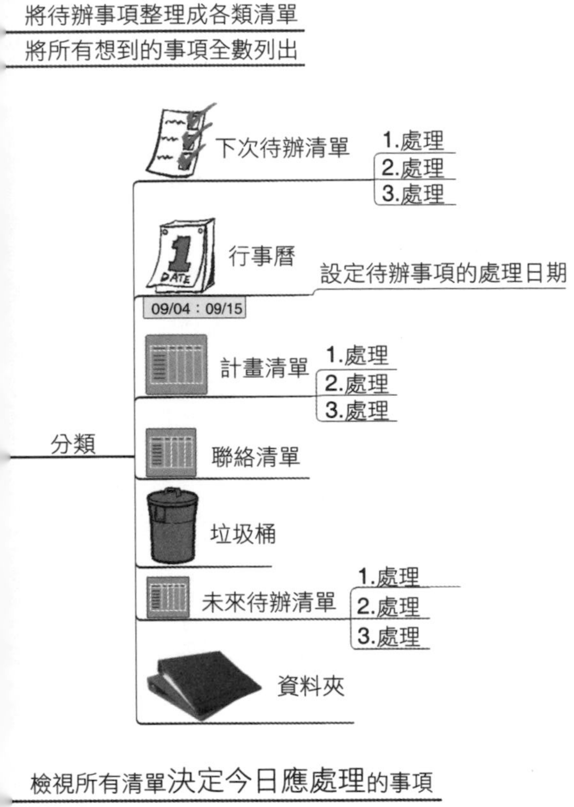
將待辦事項整理成各類清單
將所有想到的事項全數列出
分類
下次待辦清單
1.處理
2.處理
3.處理
行事曆
設定待辦事項的處理日期
09/04：09/15
計畫清單
1.處理
2.處理
3.處理
聯絡清單
垃圾桶
未來待辦清單
1.處理
2.處理
3.處理
資料夾
檢視所有清單決定今日應處理的事項

使用心智圖進行生活管理術

我也經常會依據史蒂芬・柯維（Stephen R. Covey）在《與成功有約》（*The 7 Habits of Highly Effective People*）中提到的「七個習慣」為原則，來繪製心智圖。

❷接著將寫好的TODO加以處理與整理。使用心智圖時，處理與整理的動作將會同時進行，也就是必須將在步驟❶列出的待辦事項整理於分支中的「執行清單」裡。而原本必須寫入行事曆的項目，則可改以記事本或行程管理工具，來幫助記憶。

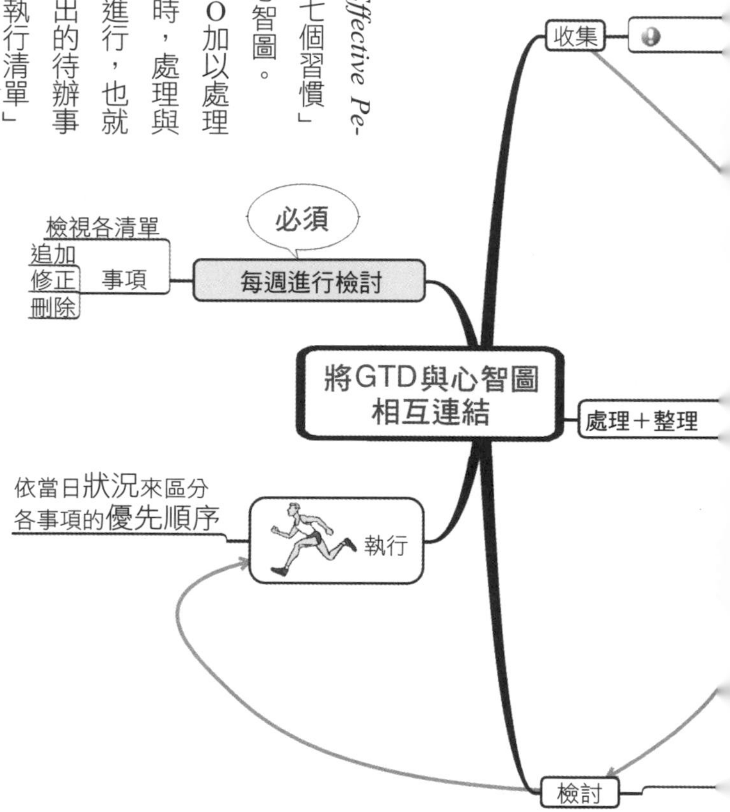
將GTD與心智圖相互連結
收集
處理＋整理
檢討
執行
依當日狀況來區分各事項的優先順序
每週進行檢討
必須
事項
檢視各清單
追加
修正
刪除

▲圖 1-12

❸檢討時可先仔細閱讀於步驟❷完成分類的心智圖，再決定今天應進行哪些項目。

❹執行時應從在前述步驟中決定的清單著手。此時可因應各項工作的優先順序與當日狀況等條件作適度調整。

❺除實行GTD步驟外，每週都應檢視原本預定的工作行程與內容，如此方能使GTD發揮真正的效果。由於在步驟❷中已整理出處理清單，因此，在檢討時可同時處理掉先前設定的項目，並整理出新的工作項目，並將其置入心智圖中，如此一來，便能加快下次進行工作的速度。

步驟❶至步驟❺雖然可使用紙筆完成，但若能改以電腦與心智圖軟體來進行作業，將可在最短的時間之內完成，並且提高作業效率。

第1章

專欄

如何運用GTD專用軟體

在歐美國家，針對實行GTD所開發的軟體「Results Manager」具有相當高的知名度。此軟體與電腦專用的心智圖軟體「Mind Manager」能夠相互連結。我最近也開始使用「Results Manager」。接著就讓我們來看看此軟體的應用實例。

❶寫出待辦事項

首先從「Mind Manager」開啟心智圖，然後將腦中想到的「待辦事項」全數輸入。此時不應將所有內容寫在同一張心智圖上，而應仿效圖1－13，將不同的工作計畫列於其他心智圖中（如圖1－14a、1－14b），再於第一張心智圖中設定連結即可。如此一來，便能明確地區分與工作計畫相關的TODO及其他的TODO之間的差異。

剛開始製作心智圖時不須過度細分內容範疇，只要盡量將想到的事項列出來即可。當心智圖製作到一個階段時，分支自然也會增加到相當可觀的數目。我在執行GTD的過程中不斷強調每週進行檢討的重要性。在企業中擔任管理職的人或是企劃團隊的領導者，由於必須處理的事務特別繁多，即使將工作項目整理成心智圖，往往也難以削減需確認的數量。因此，一定要根據工作的數量設定適當的檢討時間，以消化工作。

❷使用「Results Manager」

Results Manager是以Mind Manager啟動的隨插軟體。在圖1－13使用該軟體時，即會得到圖1－15的結果（Results Manager為英文版，但分支則可顯示中文）。第一層分支可分為以下三項部分。

❶與個人相關的計畫所必須處理的事項
❷計畫之外的處理事項
❸有提交期限的事項

只要啟動Results Manager，該軟體便會開始搜尋所有已連結的心智圖，並自動將內容分類成每日的「Action Dashboard」（如圖1－15）。在Dashboard心智圖中各事項的進度均可隨時變更，也能反映在原本的心智圖上，可說是相當方便。我每

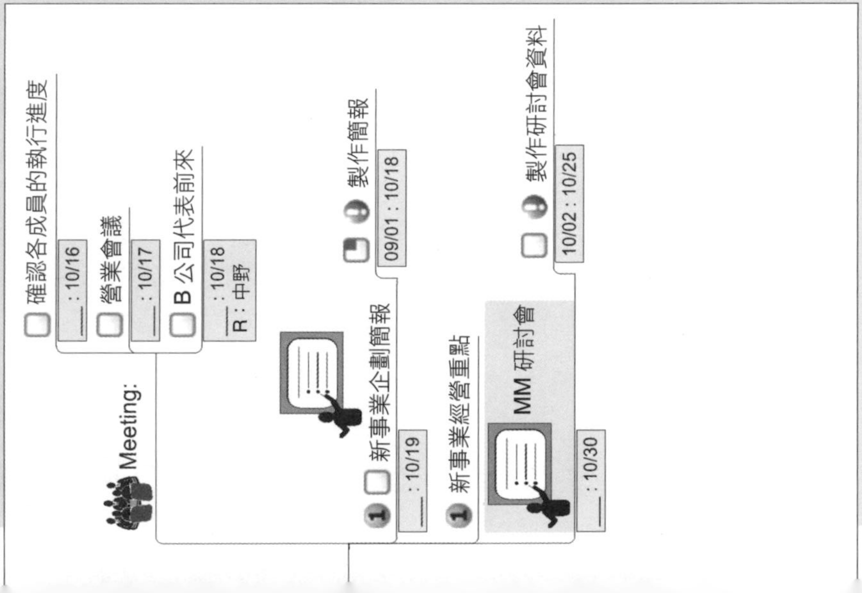

Meeting:
確認各成員的執行進度
___ : 10/16
營業會議
___ : 10/17
B 公司代表前來
___ : 10/18
R：中野
新事業企劃簡報
___ : 10/19
製作簡報
09/01 : 10/18
新事業經營重點
MM 研討會
___ : 10/30
製作研討會資料
10/02 : 10/25

天都會花一分鐘檢視Dashboard心智圖，而能在極短時間內檢視完所有內容也正是心智圖的優點。對於經常需要處理大量事務的人而言，心智圖必能成為你的最佳幫手。

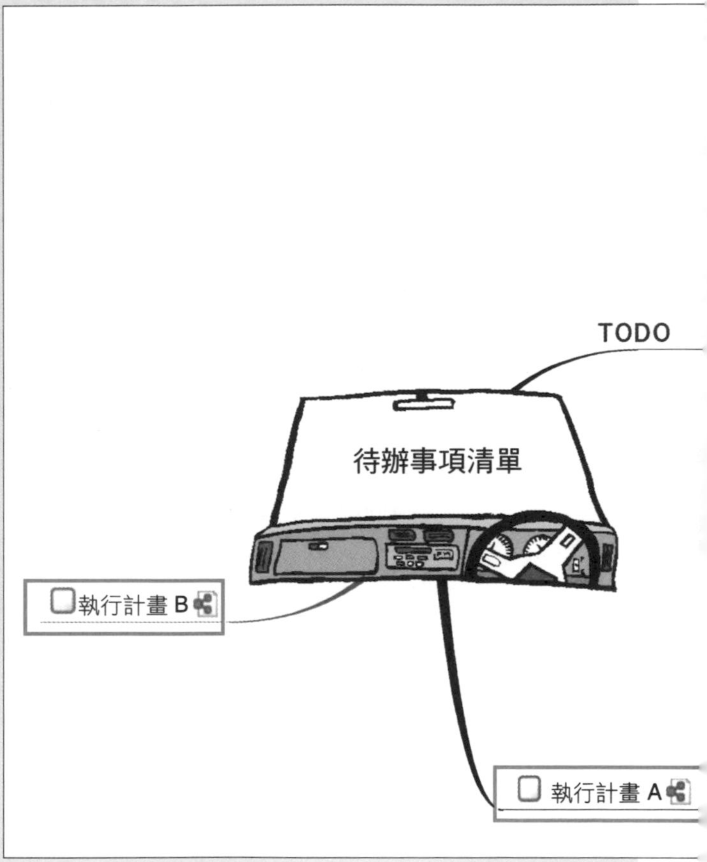

▲圖 1-13

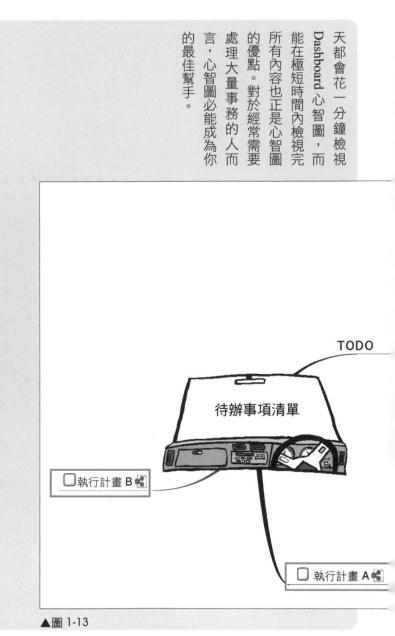

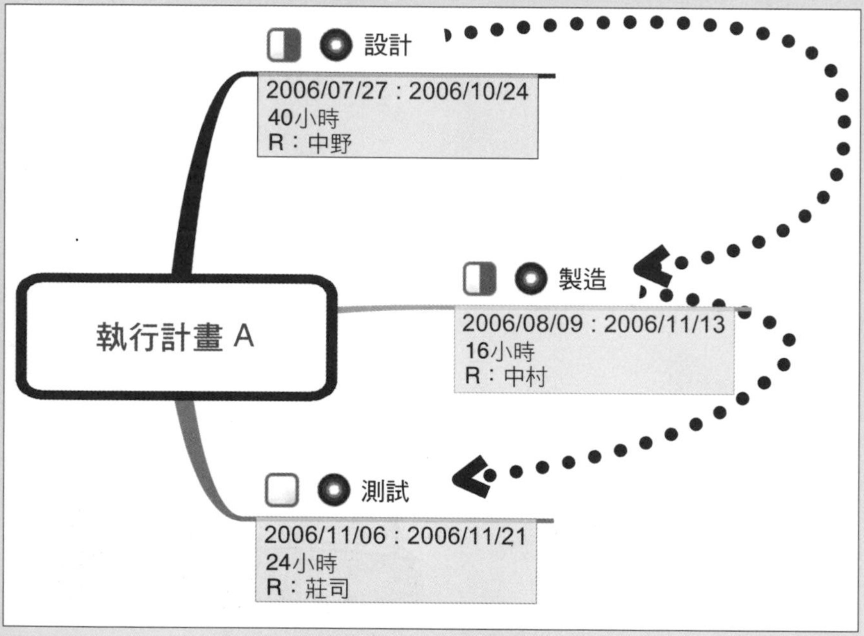

設計
2006/07/27 : 2006/10/24
40小時
R：中野
執行計畫 A
製造
2006/08/09 : 2006/11/13
16小時
R：中村
測試
2006/11/06 : 2006/11/21
24小時
R：莊司

▲圖 1-14a

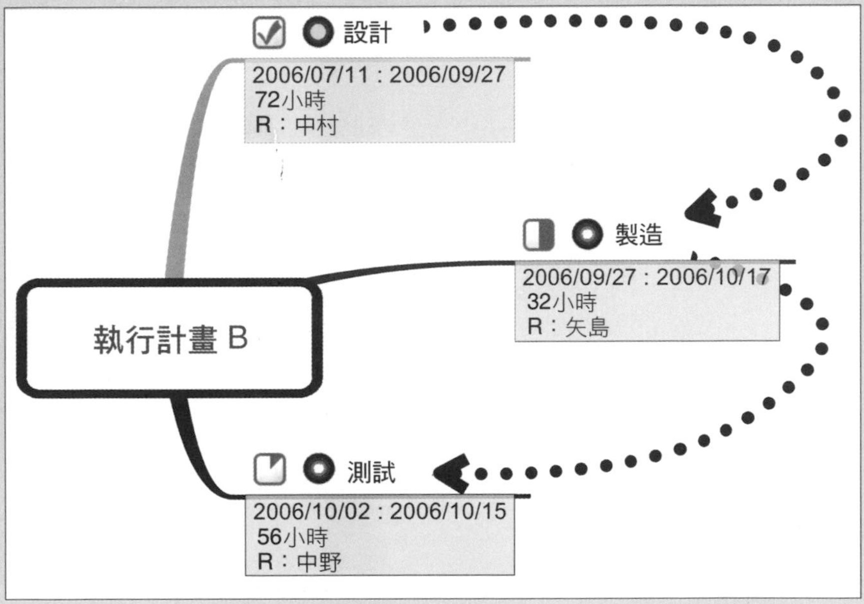
設計
2006/07/11 : 2006/09/27
72小時
R：中村
製造
2006/09/27 : 2006/10/17
32小時
R：矢島
執行計畫 B
測試
2006/10/02 : 2006/10/15
56小時
R：中野

▲圖 1-14b

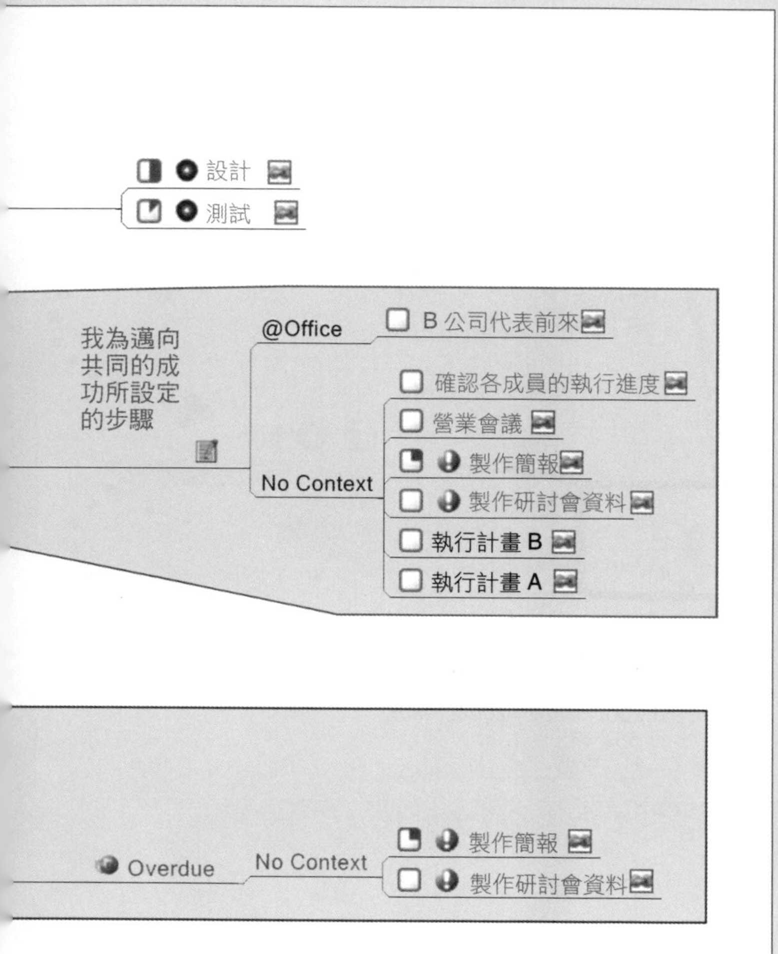
設計
測試
我為邁向共同的成功所設定的步驟
@Office
B 公司代表前來
No Context
確認各成員的執行進度
營業會議
製作簡報
製作研討會資料
執行計畫 B
執行計畫 A
Overdue
No Context
製作簡報
製作研討會資料

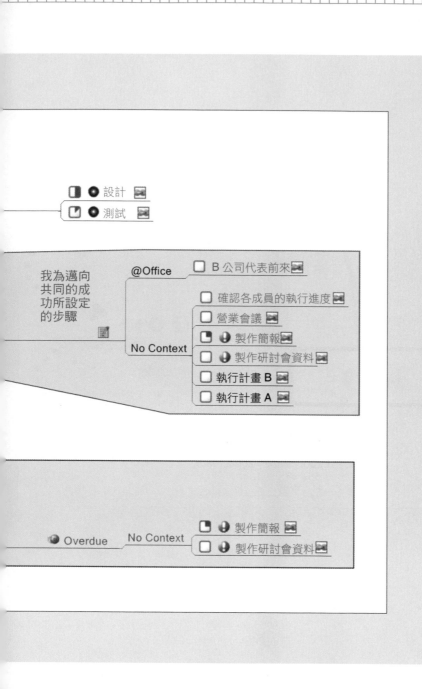

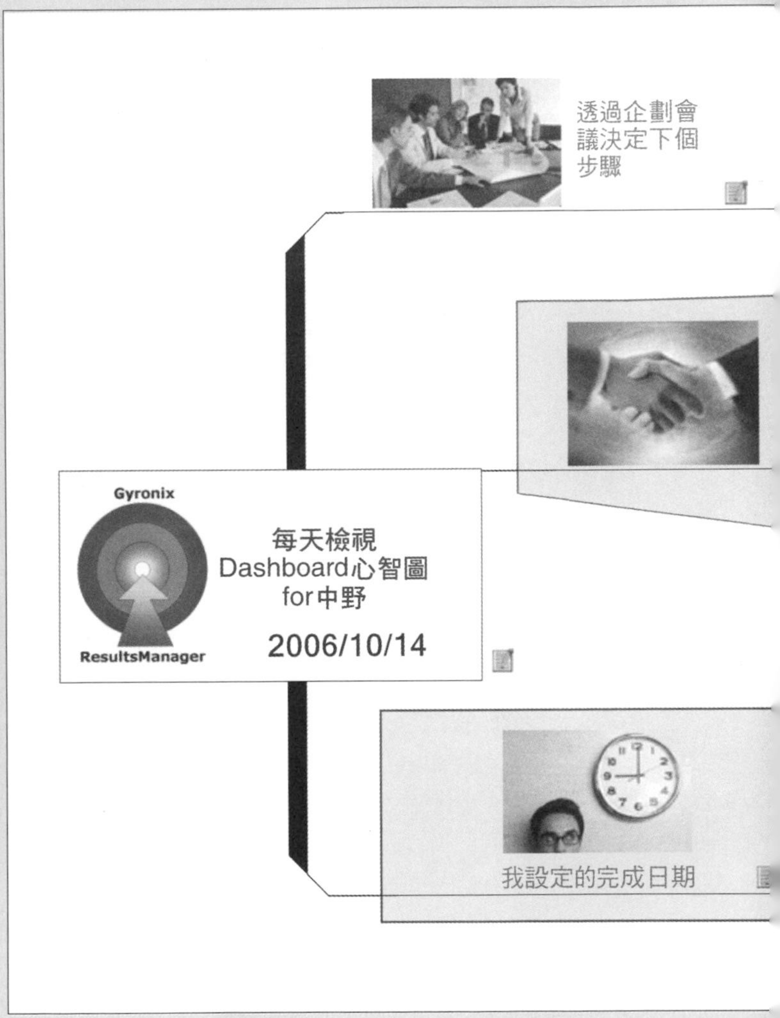
透過企劃會議決定下個步驟
Gyronix
ResultsManager
每天檢視
Dashboard心智圖
for中野
2006/10/14
我設定的完成日期

▲圖 1-15

第二部

第 2 章

變身企劃達人

企劃負責人運用心智圖工具來進行作業的實例比比皆是。無論是創意發想、構思或撰寫企劃案等階段，心智圖均能派上極大的用場。但實際上，光憑心智圖本身所具備的功能，並無法刺激出源源不絕的創意與令人耳目一新的企劃。這是因為創意並不會憑空出現，而必須藉由腦中長久以來累積的大量資訊與智慧催化，方能誕生。

本章將參考富田真司先生所著的《透過 52 招銷售手法、9 項實例與 7 個範例來撰寫企劃案》（52 の販促手法 9 の事例 7 のテンプレートでつくる企劃書）一書，進一步探討如何運用心智圖來完成獨一無二的企劃案。

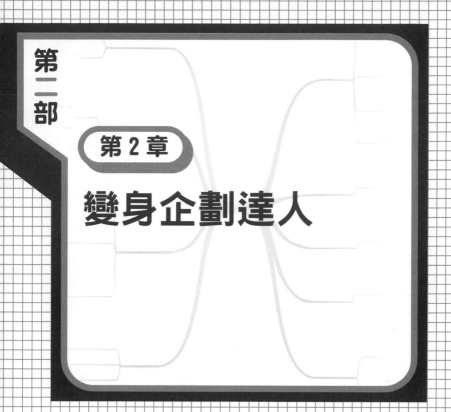

第2章 1

失敗的企劃案之特徵與因應對策

即使不斷提出新的企劃案，當中真正能派上用場的卻往往屈指可數。為了避免這類事倍功半的情況一再重演，我們應先理解可能造成企劃案失敗的因素（圖2—1）。

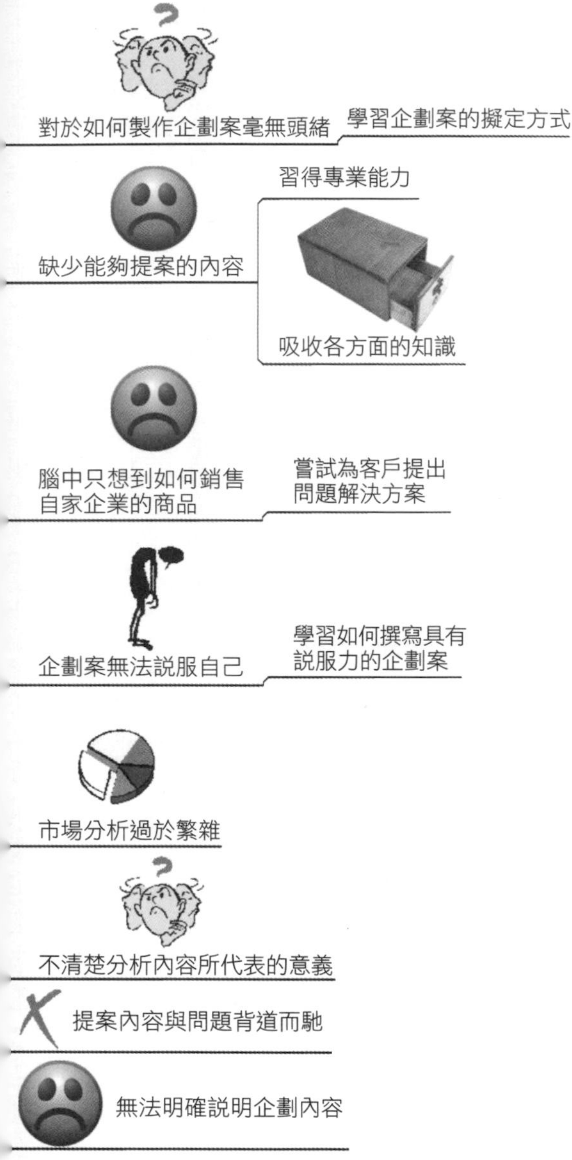
對於如何製作企劃案毫無頭緒
學習企劃案的擬定方式
習得專業能力
缺少能夠提案的內容
吸收各方面的知識
腦中只想到如何銷售自家企業的商品
嘗試為客戶提出問題解決方案
企劃案無法說服自己
學習如何撰寫具有說服力的企劃案
市場分析過於繁雜
不清楚分析內容所代表的意義
提案內容與問題背道而馳
無法明確說明企劃內容

失敗的企劃案之特徵與因應對策

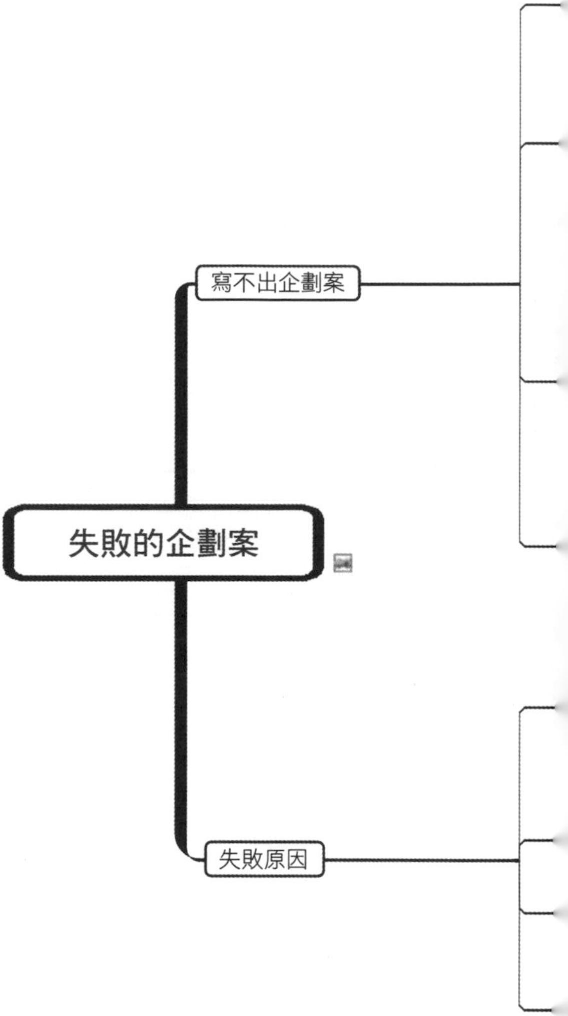

▲圖 2-1

第1章 第2章 第3章 第4章 第5章 第6章 第7章 第8章 第9章

第2章

2 使用心智圖來撰寫企劃案

一般多會使用「Power Point」、「Excel」等電腦軟體來製作企劃案，但在實際著手前，應先將所有構思寫在同一張心智圖上，藉以判斷整個企劃案的架構是否平衡、是否有需要調整的地方。

企劃案至少要具備如圖2—2所示的三項要素（主題、基本方針、解決對策）。但在設計心智圖時，也不能未經考量便倉促將此三要素置入其中。接著，就讓我們來了解一下透過心智圖製作企劃案的流程。

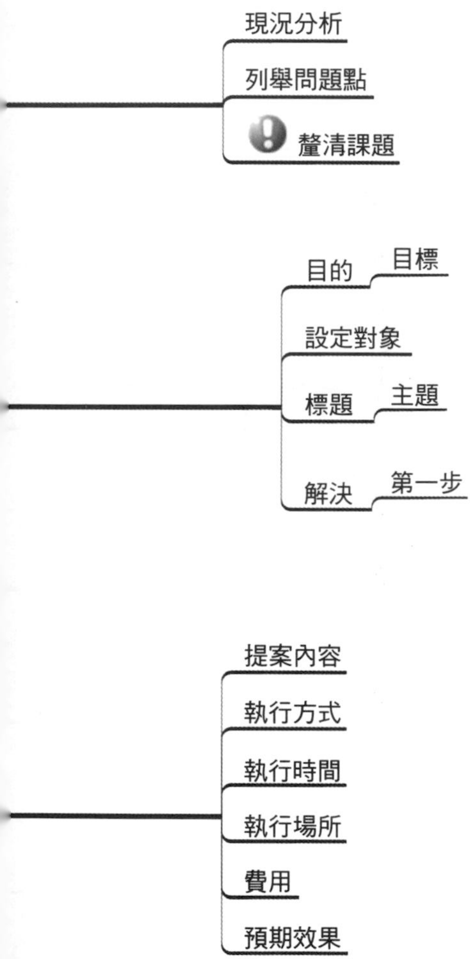
現況分析
列舉問題點
釐清課題
目的
目標
設定對象
標題
主題
解決
第一步
提案內容
執行方式
執行時間
執行場所
費用
預期效果

使用心智圖來撰寫企劃案

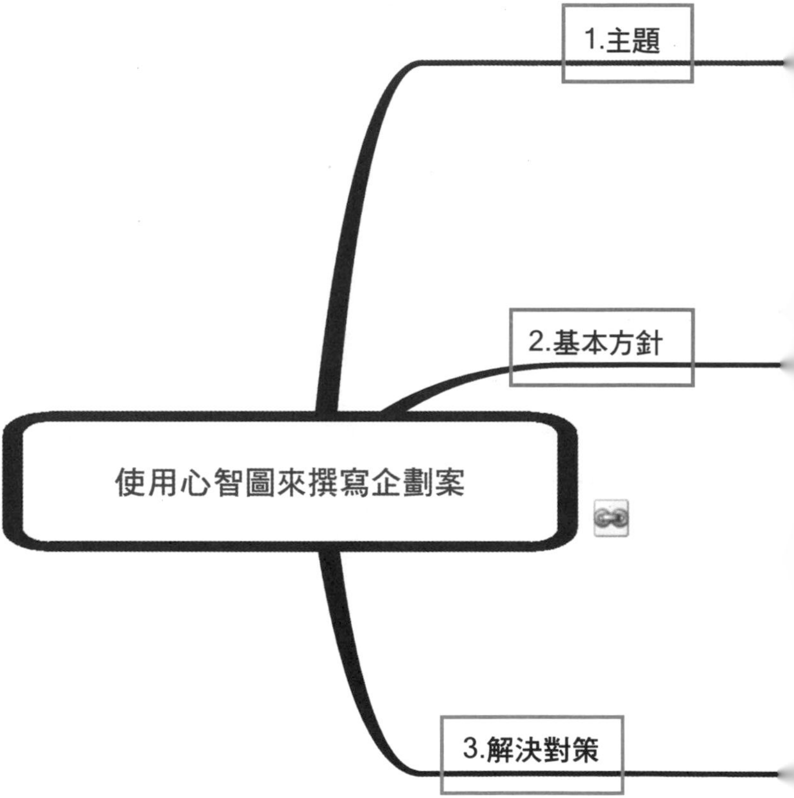

▲圖 2-2

3 思考企劃案製作流程

要將心智圖的優點活用於企劃案的製作時，可參考如圖2—3所示的流程。

❶將所有構想全數寫在心智圖上

首先可按照圖2—2的模式進行分類（分支），並迅速將與各分支相關的關鍵字寫入心智圖中。在此階段尚不須思考「好與壞」的問題，只要將浮現在腦中的所有關鍵字全部繪成分支即可（如圖2—4）。此時，若想起過去製作的心智圖內容的話，應毫不猶豫地找出該心智圖的全貌，並揀選精華內容加入目前製作的心智圖中。當分支數目過多時，只要將三項要素中的「主題」取出，並另外製

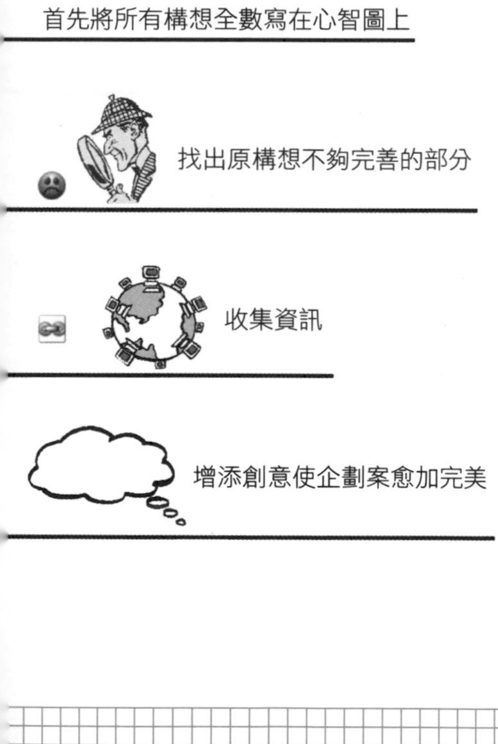
首先將所有構想全數寫在心智圖上
找出原構想不夠完善的部分
收集資訊
增添創意使企劃案愈加完美

作一張專屬的心智圖即可。

❷找出原構想不夠完善的部分

當在步驟❶中寫出所有的關鍵字後，便能輕易看出當中所欠缺的部分。例如：

- 無法看出問題點
- 缺少明確概念
- 不確定目標客層為何

而心智圖中之所以會出現這些問題，多半是因為企劃者沒有準備好充足的資訊，或是至今所累積的經驗及知識尚有不足之處所導致。

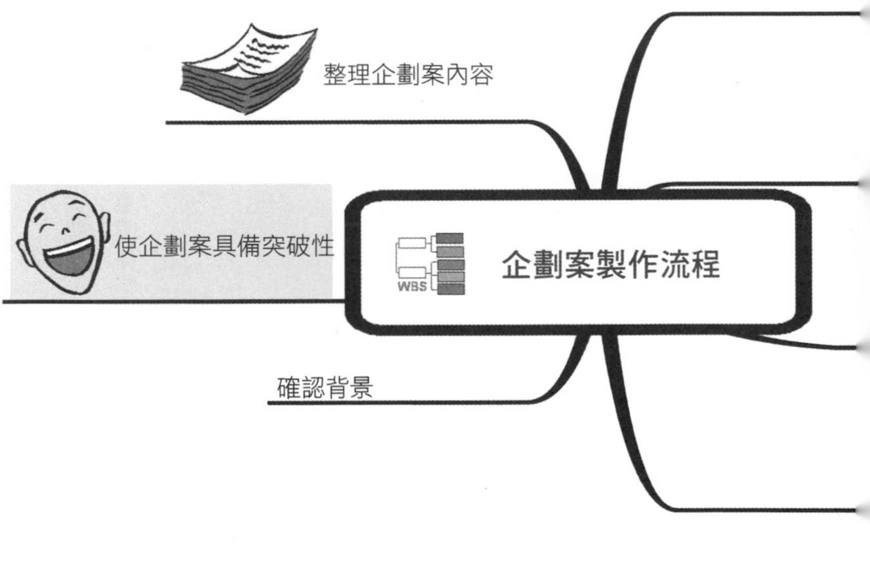

▲圖 2-3

❸收集資訊

接著要開始修補在步驟❷中所發現的缺點，例如：若缺少相關資料，可透過網路或行銷公司提供的數據資料來輔助調查；若是缺少經驗或知識，則必須閱讀專業書籍，或主動向具備相關經驗、

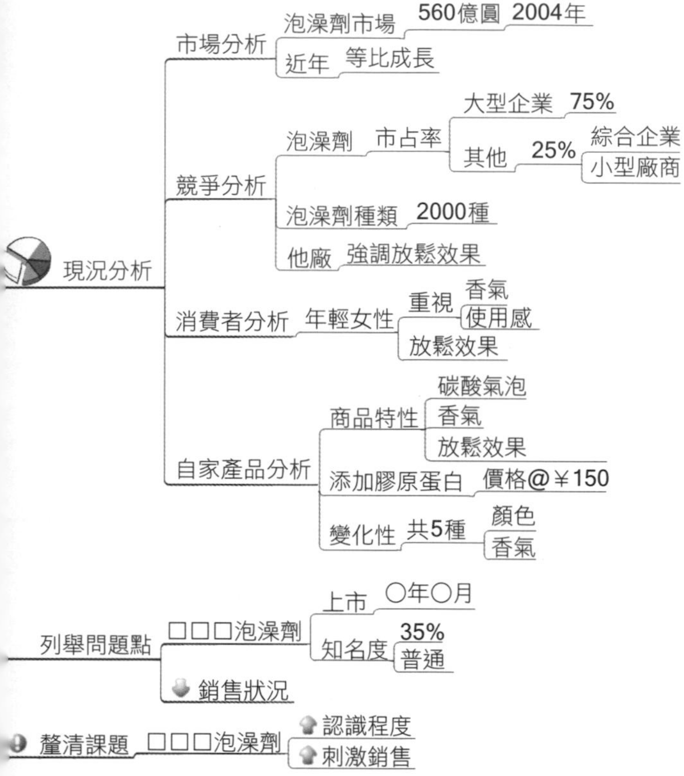

現況分析
市場分析
泡澡劑市場
560億圓
2004年
近年
等比成長
競爭分析
泡澡劑
市占率
大型企業
75%
其他
25%
綜合企業
小型廠商
泡澡劑種類
2000種
他廠
強調放鬆效果
消費者分析
年輕女性
重視
香氣
使用感
放鬆效果
自家產品分析
商品特性
碳酸氣泡
香氣
放鬆效果
添加膠原蛋白
價格@￥150
變化性
共5種
顏色
香氣
列舉問題點
□□□泡澡劑
上市
○年○月
知名度
35%
普通
銷售狀況
釐清課題
□□□泡澡劑
認識程度
刺激銷售

知識的人請益，以彌補個人能力的不足。另外，在此步驟中也應該將各項作業的時程增列於心智圖中。

❹增添創意使企劃案更加完美

當主題與基本方針變得明確之後，接下來便要在心智圖上寫出解決對策。此步驟比找出企劃案的缺點還要容易，而且也有許多「制式」的做

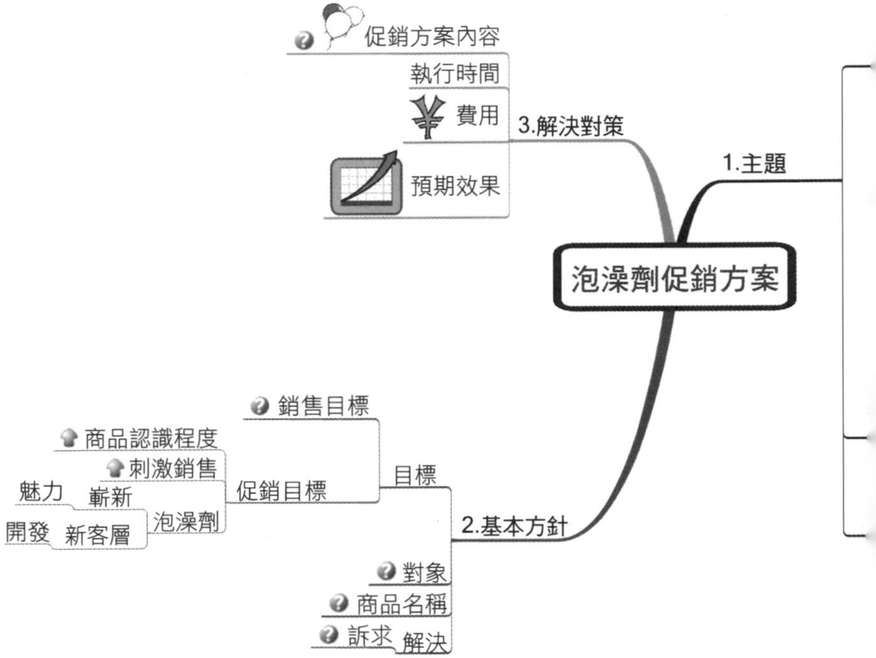
泡澡劑促銷方案
1.主題
2.基本方針
3.解決對策
促銷方案內容
執行時間
費用
預期效果
目標
銷售目標
促銷目標
商品認識程度
刺激銷售
泡澡劑
嶄新
魅力
新客層
開發
對象
商品名稱
訴求
解決

▲圖 2-4

法可供依循。對一位實務經驗豐富的企劃者而言，針對各類企劃內容提出解決對策並非難事，只要將各項內容的解決對策列於心智圖中，實際執行時就不會手忙腳亂。而若能在這些解決對策中加入企劃者獨到的創意，便能使企劃內容更加豐富。

❺確認企劃流程

在此步驟，應仔細確認從「主題↓基本方針↓解決對策」的流程中是否有任何問題尚未解決。若發現當中仍有錯誤或不妥之處，即可立刻變更心智圖上各關鍵字的位置或關鍵字的連結

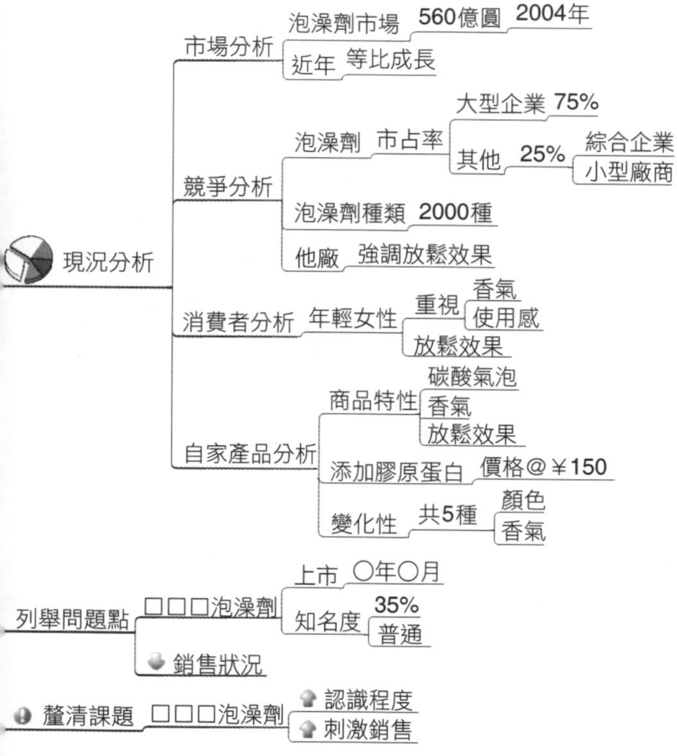

現況分析
市場分析
泡澡劑市場
560億圓
2004年
近年
等比成長
競爭分析
泡澡劑
市占率
大型企業
75%
其他
25%
綜合企業
小型廠商
泡澡劑種類
2000種
他廠
強調放鬆效果
消費者分析
年輕女性
重視
香氣
使用感
放鬆效果
自家產品分析
商品特性
碳酸氣泡
香氣
放鬆效果
添加膠原蛋白
價格@￥150
變化性
共5種
顏色
香氣
列舉問題點
□□□泡澡劑
上市
○年○月
知名度
35%
普通
銷售狀況
釐清課題
□□□泡澡劑
認識程度
刺激銷售

線，進而將整體企劃流程調整至最佳狀態（圖2－5）。

❻使企劃案具備突破性

為使企劃案能獲得公司高層與客戶的認同，就必須加入「前所未有」的突破性內容，而是否具備這樣的內容將決定企劃案的成敗，因此，務必要使自己所製作的心智圖具備令人驚豔的突破性。當腦中遲遲無法浮現絕妙的創意時，可休息片刻之後再行思考。

❼進行團體腦力激盪

以心智圖製作企劃案時，除了不要只是一人獨力繪製之

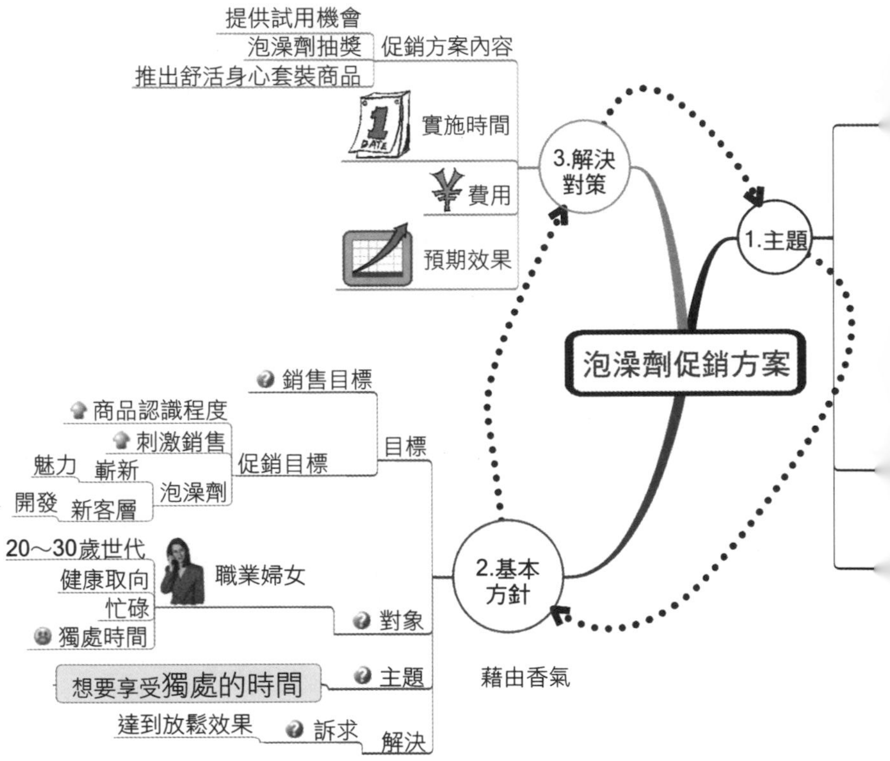
泡澡劑促銷方案
1.主題
2.基本方針
3.解決對策
促銷方案內容
提供試用機會
泡澡劑抽獎
推出舒活身心套裝商品
實施時間
費用
預期效果
目標
銷售目標
促銷目標
商品認識程度
刺激銷售
泡澡劑
嶄新
魅力
新客層
開發
對象
職業婦女
20～30歲世代
健康取向
忙碌
獨處時間
主題
想要享受獨處的時間
解決
訴求
達到放鬆效果
藉由香氣

▲圖 2-5

外，也要將心智圖與他人分享，藉由交換意見進行團體腦力激盪（Brainstorming）也能發揮相當的效果。當心智圖的完成度達到某個階段時，可主動拿給同事或上司審查，並請他們提出建議，以使心智圖益加完整。

我將心智圖有利團體腦力激盪之處整理如下。

- 由於心智圖能夠呈現完整的企劃架構，因此，可請他人幫忙檢視是否有重複或遺漏之處。
- 每個關鍵字均相互連結的心智圖容易促發聯想，使閱圖者也能迅速進入狀況並提供意見。
- 以分支形式構成的階層構造較容易集中意見，且能避免討論時偏離主題。
- 透過心智圖認識企劃架構的過程，能夠輕易確認其內容是否足以吸引客戶目光。
- 藉由區分色彩、圖像、專欄、優先程度等要素的設計，將可使整份企劃案愈顯豐富多元。
- 只要運用電腦心智圖軟體，便能輕易地將心智圖修改

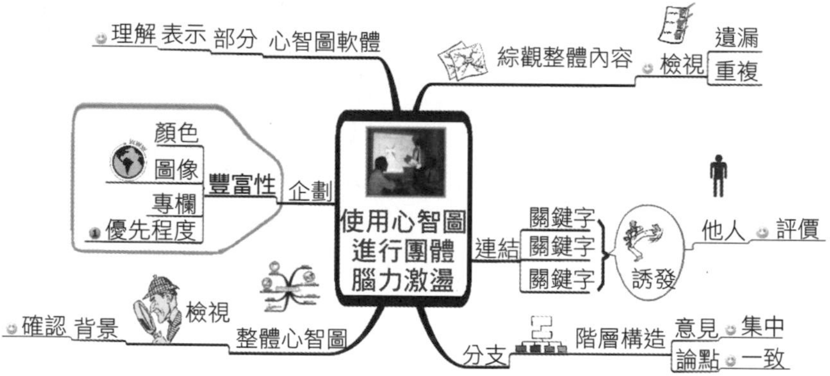
使用心智圖進行團體腦力激盪
心智圖軟體
部分
表示
理解
綜觀整體內容
檢視
遺漏
重複
企劃
豐富性
顏色
圖像
專欄
優先程度
連結
關鍵字
關鍵字
關鍵字
誘發
他人
評價
整體心智圖
檢視
背景
確認
分支
階層構造
意見
集中
論點
一致

▲圖 2-6

得更加明確易懂（比方說，只保留某部分的分支圖，或只保留第一層的企劃分支等）。

透過團體腦力激盪的方式，可將他人的意見添加於心智圖上，以使其更趨完善。接下來，讓我們重新回顧一次修改心智圖必經的程序。

- 進行團體腦力激盪
- 針對他人所指出的不足之處收集相關資料
- 修改心智圖
- 確認企劃案執行流程

❽提交企劃案

必須讓上司與客戶過目的企劃案可以下面兩種形式提交。

●以心智圖格式提交

唯有在對方習慣閱讀心智圖的情況下，才可以這種形式提交企劃案。對於未曾接觸過心智圖的人而言，以心智圖呈現的企劃案不僅不易理解，還可能導致對方產生不信任感。然而，若對方已習慣使用心智圖的話，運用這種形式的企劃案，將可更有效率地傳達企劃構想。因此，當對方尚未習慣以心智圖格式呈現的企劃案時，可先以Power Point格式提出相關資料，再循序漸進地改以心智圖格式來進行企劃說明，這會是相當有效的方法。

以心智圖來呈現企劃案的方式如圖2—7所示。此心智圖並非只是單純地由連結關鍵字構成。對於初次接觸心智圖的人而言，由於無法迅速理解關鍵字連結所具有的意義，因此，本圖是以「文句」的概念來輔助說

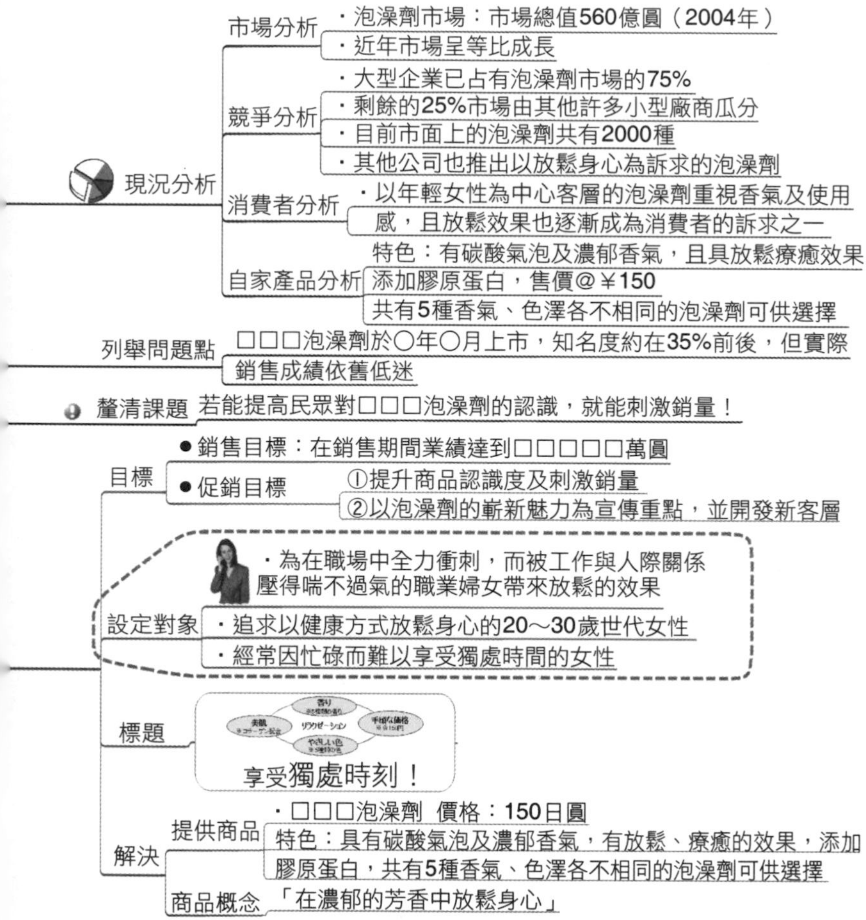
現況分析
市場分析
・泡澡劑市場：市場總值560億圓（2004年）
・近年市場呈等比成長
競爭分析
・大型企業已占有泡澡劑市場的75%
・剩餘的25%市場由其他許多小型廠商瓜分
・目前市面上的泡澡劑共有2000種
・其他公司也推出以放鬆身心為訴求的泡澡劑
消費者分析
・以年輕女性為中心客層的泡澡劑重視香氣及使用感，且放鬆效果也逐漸成為消費者的訴求之一
自家產品分析
特色：有碳酸氣泡及濃郁香氣，且具放鬆療癒效果
添加膠原蛋白，售價@￥150
共有5種香氣、色澤各不相同的泡澡劑可供選擇
列舉問題點
□□□泡澡劑於○年○月上市，知名度約在35%前後，但實際銷售成績依舊低迷
釐清課題
若能提高民眾對□□□泡澡劑的認識，就能刺激銷量！
目標
●銷售目標：在銷售期間業績達到□□□□□萬圓
●促銷目標
①提升商品認識度及刺激銷量
②以泡澡劑的嶄新魅力為宣傳重點，並開發新客層
設定對象
・為在職場中全力衝刺，而被工作與人際關係壓得喘不過氣的職業婦女帶來放鬆的效果
・追求以健康方式放鬆身心的20～30歲世代女性
・經常因忙碌而難以享受獨處時間的女性
標題
享受獨處時刻！
解決
提供商品
・□□□泡澡劑 價格：150日圓
特色：具有碳酸氣泡及濃郁香氣，有放鬆、療癒的效果，添加膠原蛋白，共有5種香氣、色澤各不相同的泡澡劑可供選擇
商品概念
「在濃郁的芳香中放鬆身心」

明。另外，由於中文有許多助詞（於、與、將、為……等），結構較英語更為複雜，因此僅憑許多單字的連結，便要求初學者理解整份心智圖的內容，實際上是有一定的難度的。

●以PowerPoint格式提交

正式的企劃案通常會以PowerPoint格式提交。心智圖軟體當中也附加有能自動將心智圖轉換為PowerPoint檔的工具。圖2－8與圖2－9即是使用心智圖軟體「Mind Manager」將圖2－7轉檔所得的內容。

即使缺少這類具備自動

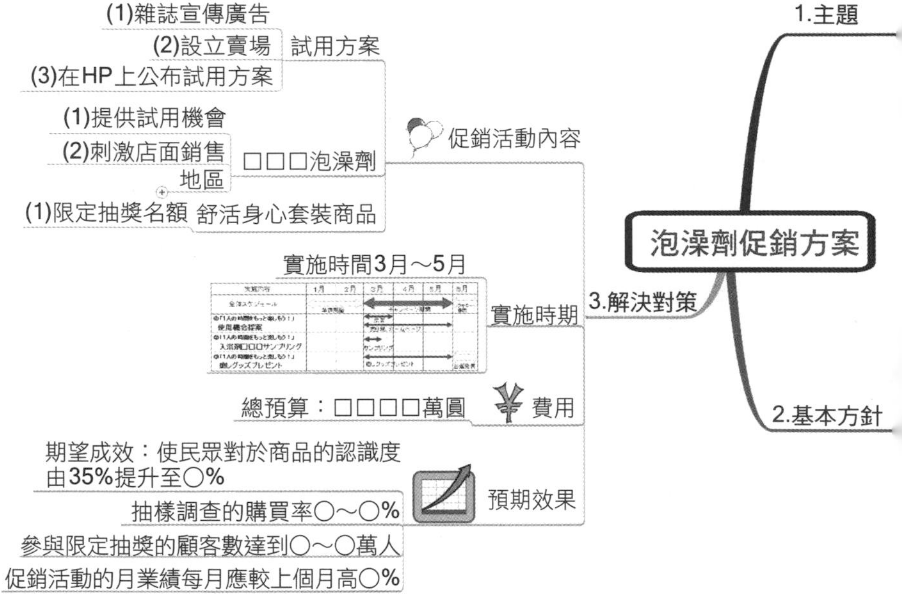

▲圖 2-7

轉檔功能的軟體，基本的電腦心智圖軟體也能夠複製文字並將其轉貼至PowerPoint中。

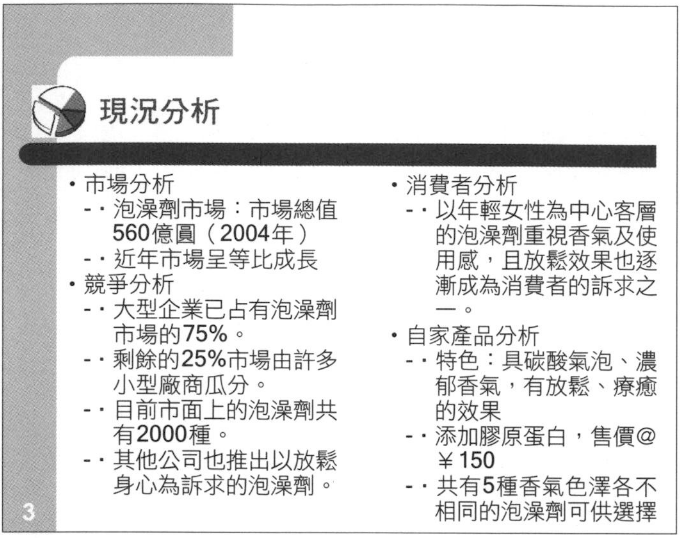
現況分析
・市場分析
-・泡澡劑市場：市場總值560億圓（2004年）
-・近年市場呈等比成長
・競爭分析
-・大型企業已占有泡澡劑市場的75%。
-・剩餘的25%市場由許多小型廠商瓜分。
-・目前市面上的泡澡劑共有2000種。
-・其他公司也推出以放鬆身心為訴求的泡澡劑。
・消費者分析
-・以年輕女性為中心客層的泡澡劑重視香氣及使用感，且放鬆效果也逐漸成為消費者的訴求之一。
・自家產品分析
-・特色：具碳酸氣泡、濃郁香氣，有放鬆、療癒的效果
-・添加膠原蛋白，售價@￥150
-・共有5種香氣色澤各不相同的泡澡劑可供選擇
3

▲圖 2-8

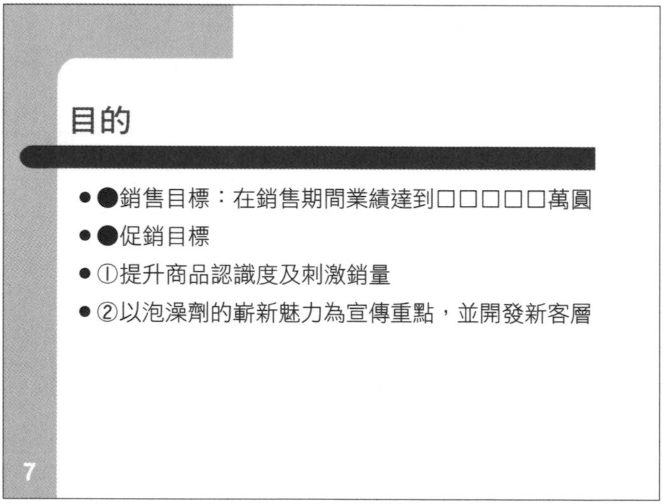
目的
●●銷售目標：在銷售期間業績達到□□□□□萬圓
●●促銷目標
●①提升商品認識度及刺激銷量
●②以泡澡劑的嶄新魅力為宣傳重點，並開發新客層
7

▲圖 2-9

第二部

第3章

令人驚豔的會議術

在職場上，最常使用心智圖的場合就是會議，運用心智圖來製作會議紀錄就占有相當大的比例。並非是以手繪方式製作心智圖，而是使用電腦軟體來製作，理由如下：

- 將書面企劃案透過電腦呈現，將可使所有與會者均能看見心智圖的全貌。
- 與會者的意見可即時反映於心智圖中。由於一起討論企劃案的與會者均能同步看見心智圖的變化，因此會更容易理解該企劃案與所討論的內容。
- 由於會同步製作會議紀錄，因此，在會議結束時紀錄已接近完成，只須稍作修訂，就可將以心智圖格式呈現的會議紀錄分發給與會者。若與會者不習慣閱讀心智圖，則可利用心智圖軟體將其轉換為Word等文字檔案後再行分發。
- 會後所分發的心智圖會議紀錄較條例式會議紀錄容易理解，與會者也比較容易回想起會議中所作出的各項決議。

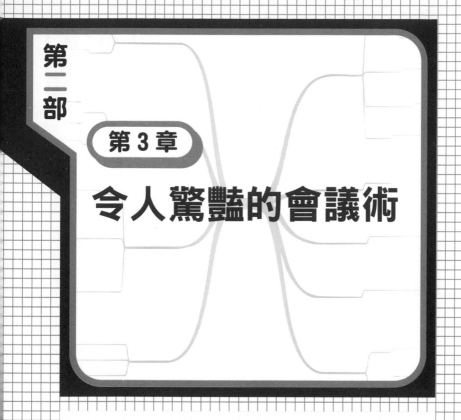

第3章

1

會議的前置作業

想要運用心智圖來完成一場令人「刮目相看」的會議，也必須具備足以吸引眾人注意力的溝通技巧。舉行會議的學問實際上遠比想像中的博大精深，但若能將心智圖導入會議之中，即能輕易地使與會者認同發表者的企劃內容。

無論會議的規模大小，在進行前都必須確實作好前置作業。在此，就讓我們透過心智圖來探討會議前後應注意的事項。

前置作業將決定該會議的成功與否

能激發與會者參加意願的會議行程心智圖

會議的前置作業

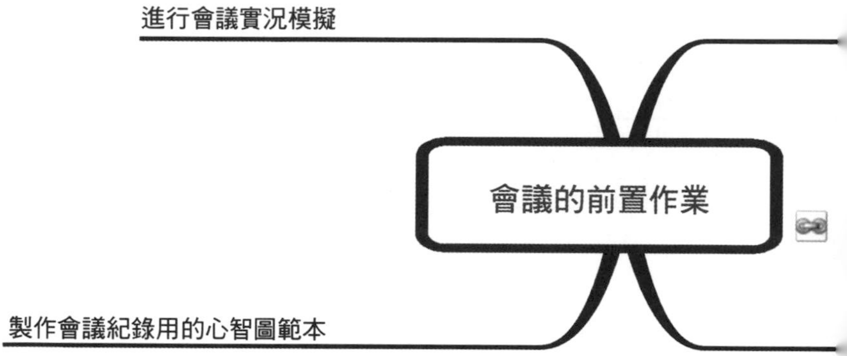

▲圖 3-1

❶前置作業將決定該場會議的成功與否

若將會議視為執行企劃案的一環來看待，那麼其實在策劃會議的階段往往就已決定該會議的成功與否。圖3－2即是將一場成功會議的結構以心智圖呈現的範例。

各位讀者不妨先試著回想以往進行順利的會議的籌備過程。若過去的會議進行過程均不太順利，則可嘗試在腦中描繪理想的會議進行情況。如此一來，原本潛藏的概念必會逐漸浮現，進而使你能夠製作出一張完美的會議心智圖。

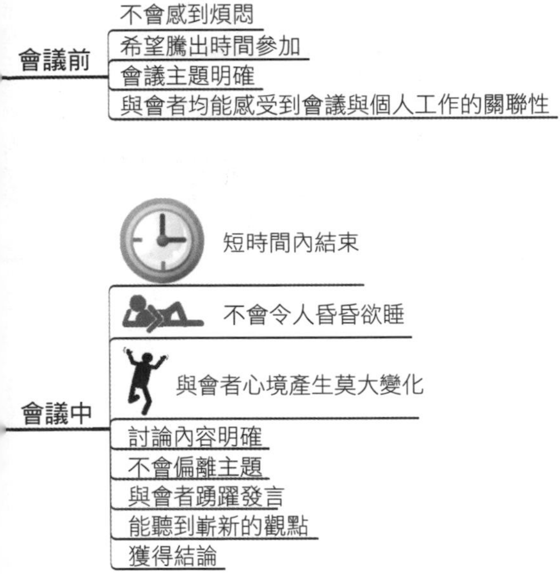
會議前
不會感到煩悶
希望騰出時間參加
會議主題明確
與會者均能感受到會議與個人工作的關聯性
會議中
短時間內結束
不會令人昏昏欲睡
與會者心境產生莫大變化
討論內容明確
不會偏離主題
與會者踴躍發言
能聽到嶄新的觀點
獲得結論

會議的前置作業

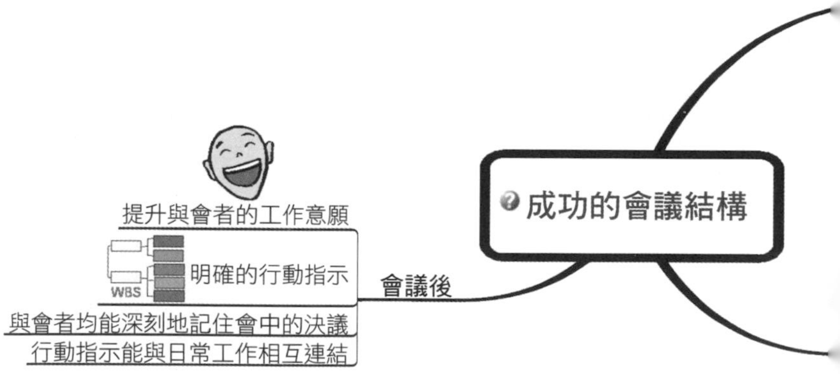

成功的會議結構
會議後
提升與會者的工作意願
明確的行動指示
WBS
與會者均能深刻地記住會中的決議
行動指示能與日常工作相互連結

▲圖 3-2

❷能激發與會者參加意願的會議行程心智圖

收到通知開會的電子郵件時，想必大多數的人都會感到心情沈重。這是因為一般的會議通知多是枯燥乏味的條列式內容，但若能改成如圖3—3般的開會通知心智圖，並於會前先發送給與會者，便能提高其參與會議的意願。另外，如能將與會者的照片貼在會議心智圖上，或是製作彩色版的會議心智圖等來強調該會議的特色，都能帶給閱圖者新鮮感。

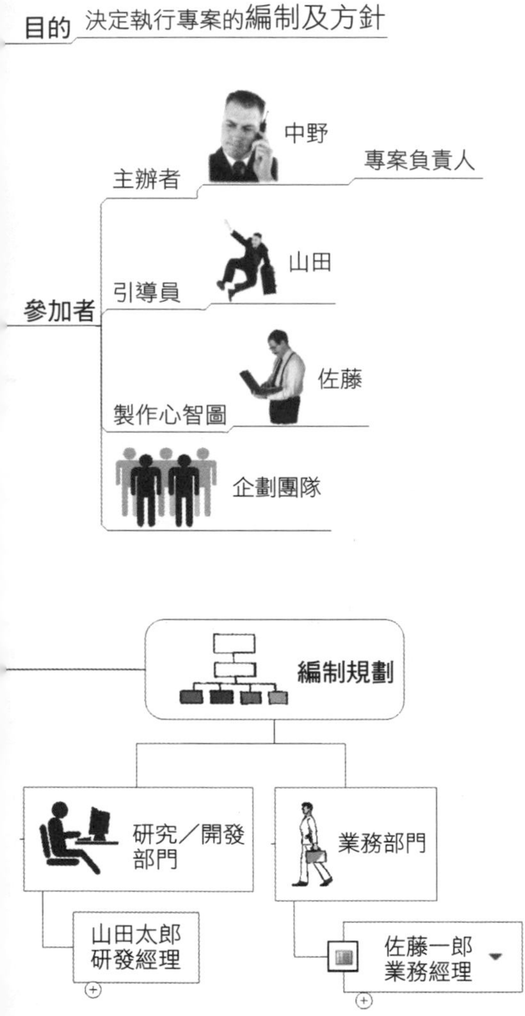

目的
決定執行專案的編制及方針
參加者
主辦者
中野
專案負責人
引導員
山田
製作心智圖
佐藤
企劃團隊
編制規劃
研究／開發部門
山田太郎
研發經理
業務部門
佐藤一郎
業務經理

會議的前置作業

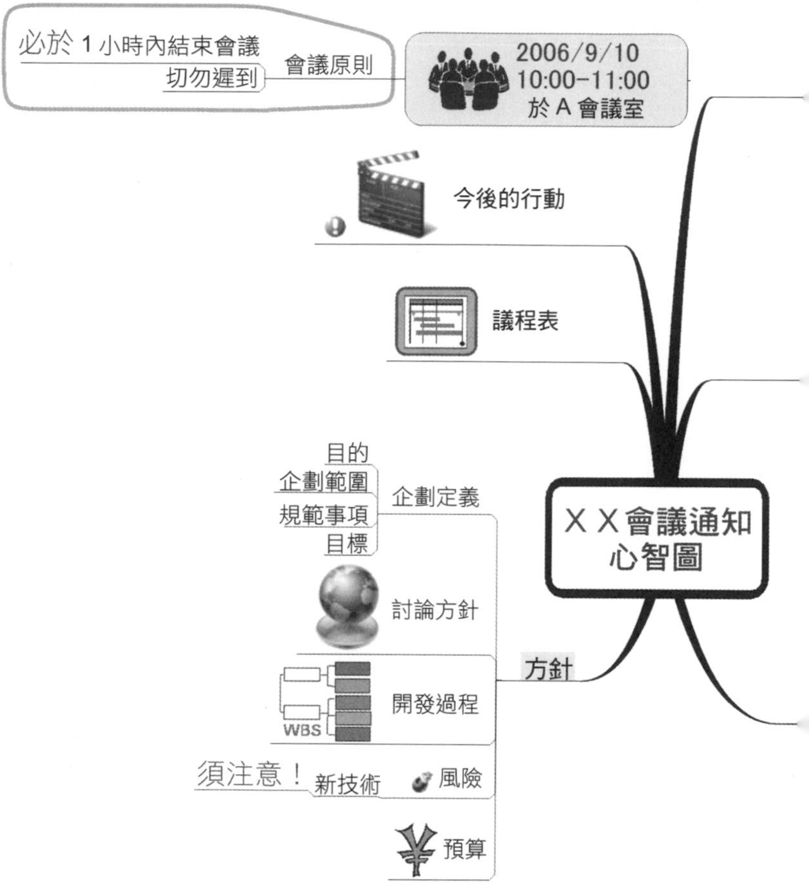

必於 1 小時內結束會議
切勿遲到
會議原則
2006/9/10
10:00-11:00
於 A 會議室
今後的行動
議程表
目的
企劃範圍
規範事項
目標
企劃定義
討論方針
WBS
開發過程
須注意！
新技術
風險
預算
方針
X X 會議通知
心智圖

▲圖 3-3

❸進行會議實況模擬

完成通知開會用的會議心智圖後，接著便是分別設定會議主題的分支項目各需花費幾分鐘，並進行實況模擬。若發現「此處的資料不足」或「此處可能會受到許多質疑」等問題點時，就應立即進行補充。另外，會議中的各項TODO內容則可直接寫在心智圖上。

若決定整場會議的進行時間為一小時，各分支項目所需的時間加總起來也要控制在一小時以內。

第3章
2
會議中的心智圖運用術

❶使用投影機

若要讓心智圖在會議中能確實發揮效用，首要條件便是準備好能使與會者均能同步看見心智圖的環境。一般多會將電腦連接投影機，再於電腦上使用心智圖軟體進行操作。當會議人數較少時，只要直接將電腦接上大型螢幕即可。

操作電腦的人應同時擔任會議記錄員，並將與會者的發言以分支格式增列於心智圖上。由於記錄員得同步進行紀錄，因此必須具備逐字聽打的技能。關於會議心智圖的製作則有以下幾項注意事項。

❷會議開始時立刻出示心智圖

在會議開始時，最重要的動作即是開宗明義地告知議題。只要先明確地指出會議心智圖的主題，即可使與會者理解本次會議所討論的重點。

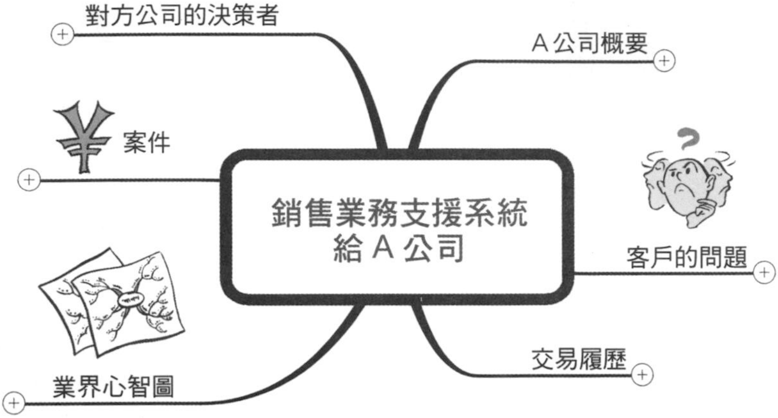
對方公司的決策者
A公司概要
案件
銷售業務支援系統
給A公司
客戶的問題
交易履歷
業界心智圖

▲圖 3-4

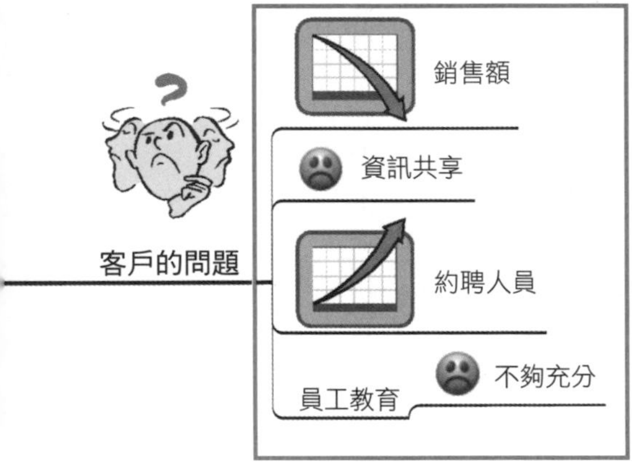
銷售額
資訊共享
客戶的問題
約聘人員
員工教育
不夠充分

❸簡化會議心智圖

當心智圖中的分支逐漸增多時，往往會令觀看者無法一眼看清楚主題的位置，此時，就應使用心智圖軟體的部分顯示功能，來隱藏暫時不必要的分支內容，或者透過僅顯示特定內容等方式，來避免過多的資訊導致與會者混亂。當某主題的分支已增加到一定數量時，就應將其置於另一張心智圖中。而這些動作均可透過心智圖軟體輕鬆完成。

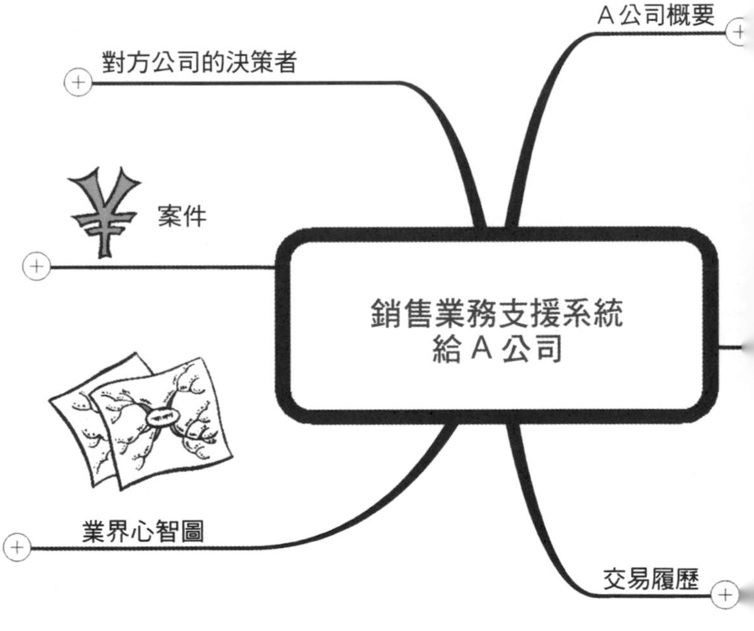

▲圖 3-5

❹會議心智圖的製作

原則即是於各分支上置入關鍵字。雖然可使用簡短的文句來取代關鍵字，但過於冗長的文章容易導致心智圖變得複雜難辨。因此，在為各主題加上詳細註解時，只要使用心智圖軟體在附屬於各分支的「text notes」中輸入資料即可。

不良範例

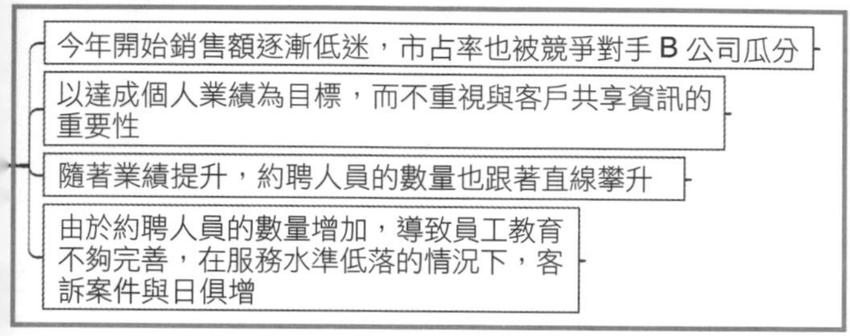
今年開始銷售額逐漸低迷，市占率也被競爭對手 B 公司瓜分
以達成個人業績為目標，而不重視與客戶共享資訊的重要性
隨著業績提升，約聘人員的數量也跟著直線攀升
由於約聘人員的數量增加，導致員工教育不夠完善，在服務水準低落的情況下，客訴案件與日俱增

優良範例

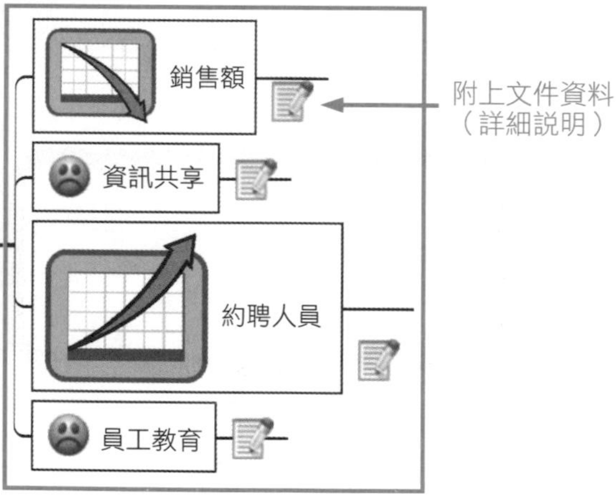
銷售額
資訊共享
約聘人員
員工教育
附上文件資料
（詳細說明）

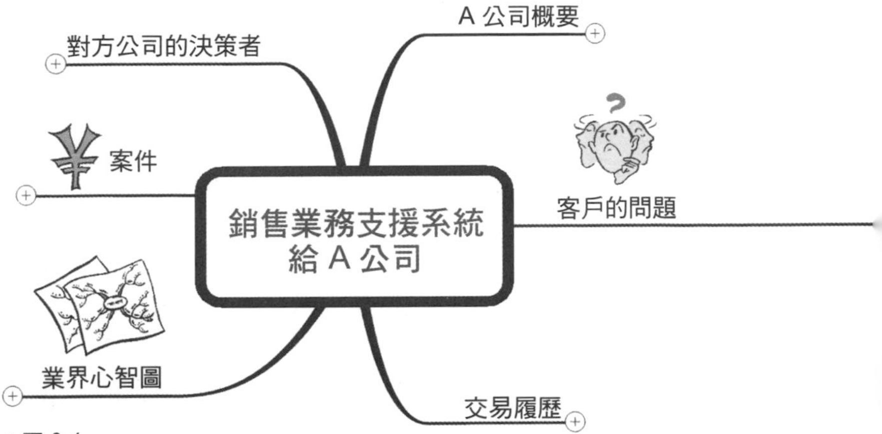
銷售業務支援系統
給 A 公司
A 公司概要
對方公司的決策者
案件
客戶的問題
業界心智圖
交易履歷

▲圖 3-6

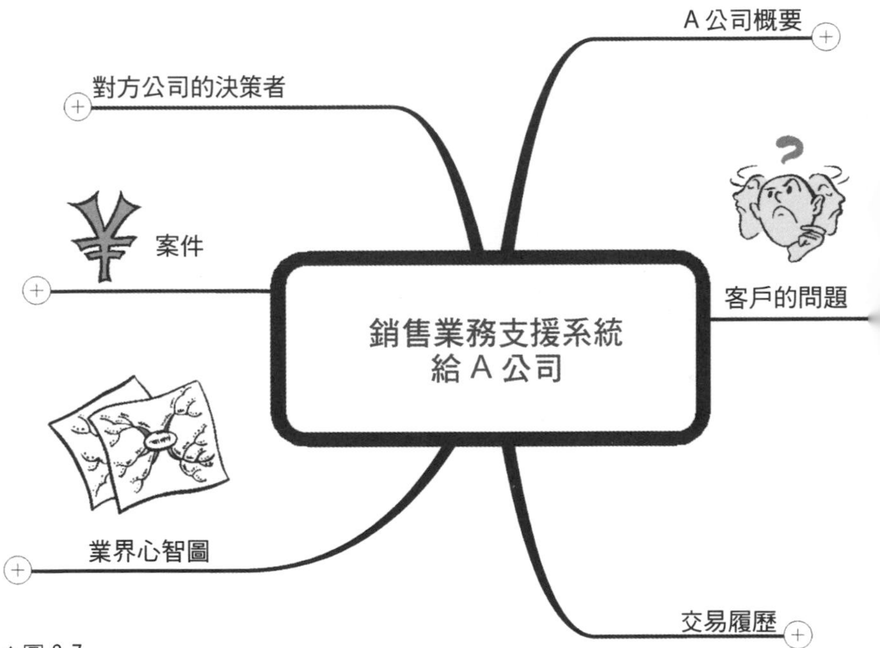
銷售業務支援系統
給 A 公司
A 公司概要
對方公司的決策者
案件
客戶的問題
業界心智圖
交易履歷

▲圖 3-7

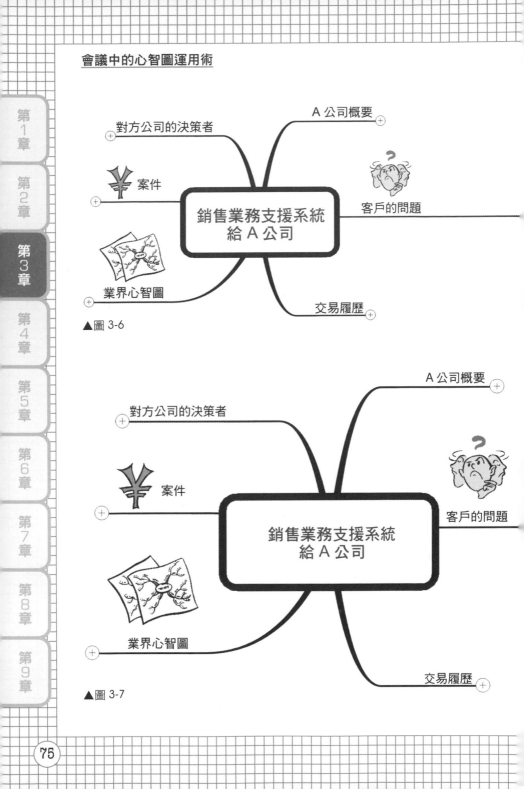

⑤反覆進行擴展與收納的動作

心智圖一般被視為用來激發創意源源不絕地產生的工具，而在圖中以放射狀呈現的關鍵字會如同「擴展」般不斷地向外延伸。然而在會議中，若只有持續地「擴展」，將會導致與會者閱圖時無法釐清主題。因此，當某關鍵字已擴展出一定的分支數量時，就應將其集中整理至某一特定區塊中，以方便閱圖者辨識，而這種相對於擴展的動作稱為「收納」，例如：將橘子、香蕉等關鍵字收納至「水果」這樣的抽象概念中。

收納技巧的困難之處多半得在會議進行時才能實際感受到。若無法充分理解所討論的內容，便難以將該內容抽象化。因此，在平日就必須進行將概念抽象化的訓練，方能在需要時確實地運用此技巧。

在會議中討論某項議題時，往往會漸漸地偏離了原本的論點。此時可將各項論點分項整理於心智圖之上，並使與會者能夠同步看見心智圖的各項變化，如此即能有效避免論點偏離主題的情況。

此外，為使與會者能更容易理解心智圖的內容，運用其他詞語代換關鍵字也是相當常見的方式（此稱為重新架構，Reframing）。當與會者提出的意見與主題落差過大時，即可嘗試替換關鍵字來加強與會者對主題的理解程度。有時也會以兩個以上的詞語來取代單一關鍵字。

擴展、收納及替換等動作都要配合與會者的發言速度來進行，並盡可能地加快會議的整體進行速度。因此，除了備齊所需的電腦心智圖軟體外，會議記錄員的聽打速度也必須在水準之上。

❻提供已加入超連結的文字檔案

一般而言，心智圖無法完全納入會議所使用的資料，因此，使用時得搭配Excel與PowerPoint等格式的資料才稱得上完整。會議心智圖的主要功用在於標示會議流程與各項議題，並且即時反映與會者的意見。而心智圖中的各分支則可與Excel與PowerPoint的資料相互連結，如此便能使與會者更明確地理解議題內容。

只要使用心智圖軟體為各分支的關鍵字加入超連結，便可迅速將頁面切換至Excel與PowerPoint檔。只要電腦操作者能在適當時機點選所需資料的連結，Excel等頁面便會直接跳出視窗（如圖3—8、圖3—9）。近來有些企業也會輸入URL來設定超連結，以經常瀏覽企業內外的網頁資訊。

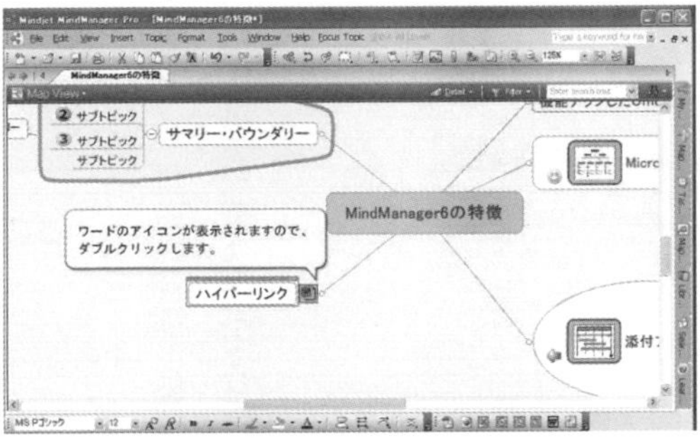

▲圖 3-8

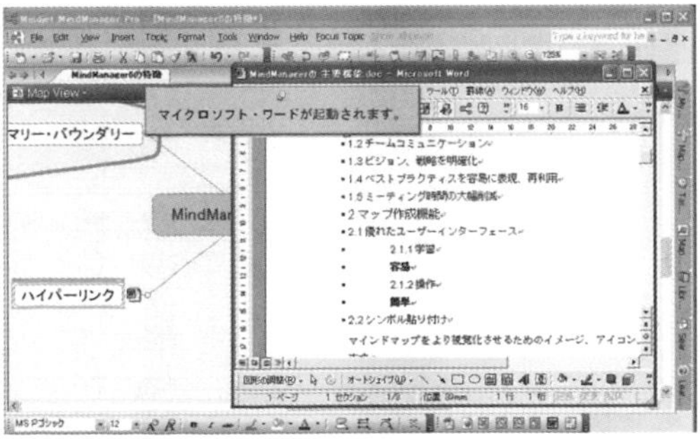

▲圖 3-9

❼會議引導員所肩負的任務

在今日的會議中，「引導員」（Facilitator）一詞已廣泛地被使用。而引導員所肩負的任務則如圖3－10所示。若一位引導員能同時具備引導會議及有效活用心智圖的相關技巧，會議便能毫無窒礙地順利進行。

一般而言，心智圖多被視為是用來拓展思考的工具。而在步驟❺中所提到的「擴展＋收納」即是引導員必須於會議中視情況選用的技巧，例如：當發言達到一定數量時，引導員便可將其收納至第一層分支圖中，如此一來，與會者也會更清楚討論內容。當心智圖是由引導員製作時，自然較容易依會議進行的節奏來掌握收納意見的時機；然而，當心智圖出自於他人之手時，引導員就必須多花些心思來帶領與會者熟悉心智圖的內容。

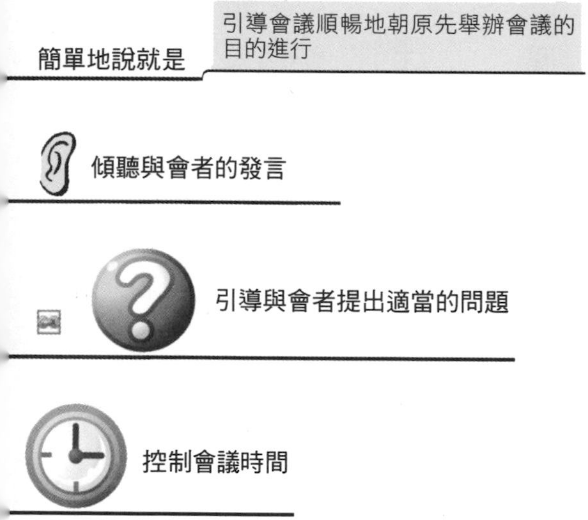
簡單地說就是
引導會議順暢地朝原先舉辦會議的目的進行
傾聽與會者的發言
引導與會者提出適當的問題
控制會議時間

❽使與會者能共享心智圖的變化

在會議中使用心智圖最大的優點，在於很容易就能獲得與會者的回應與認同。當與會者看見自己的意見同步反映在心智圖的分支上時，其參與意願便會直線攀升。此外，由於會議的最後結論也能直接呈現在所有與會者面前，因此發生誤解的機率也會相對降低。此過程就如同以書寫白板的形式進行會議一樣，卻能將繁雜的文字圖像整理得井然有序，而不會出現在白板的有限空間內擠入過多資訊，因而造成與會者無所適從的情況。

然而，心智圖終究只是會議的輔助工具，若想要會議能順利進行，關鍵仍繫於引導員與主辦者身上。

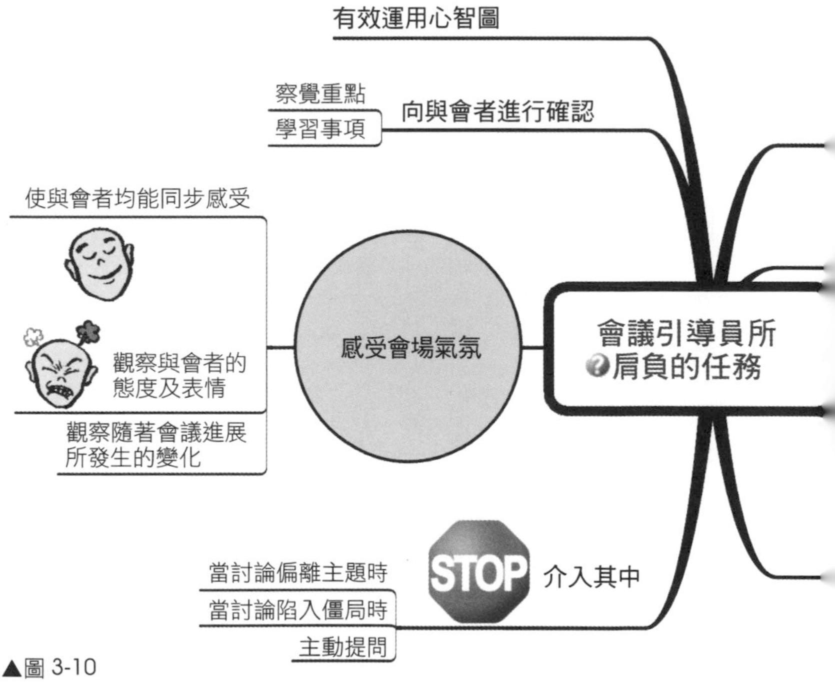
會議引導員所
❼肩負的任務
有效運用心智圖
向與會者進行確認
察覺重點
學習事項
感受會場氣氛
使與會者均能同步感受
觀察與會者的
態度及表情
觀察隨著會議進展
所發生的變化
STOP
介入其中
當討論偏離主題時
當討論陷入僵局時
主動提問

▲圖 3-10

會議結束後共享心智圖的方法

在會議結束後分發會議紀錄給與會者的方法如下：

❶直接分發會議中使用的心智圖

使用電腦心智圖軟體製作會議紀錄時，可直接以該軟體的檔案格式分發。若考慮到可能有與會者未持有該軟體，則可將檔案轉成ＰＤＦ等圖像檔後再行分發。

近來有許多企業開始導入企業資訊共享軟體，藉由其如同企業公布欄般的功能，來上傳各種資訊並同步發送給所有職員，以取代個別寄送郵件的傳統做法。另外，將心智圖上傳至公司網站使全體職員均能上線瀏覽的方式，也相當值得一試。使用企業資訊共享軟體，不僅隨時都能閱覽先前會議的心智圖，也能使職員確實瞭解該會議的流程及內容。

❷將心智圖轉換為其他文字檔案後再行分發

只要使用心智圖軟體中的附屬功能，即可將心智圖轉換成Microsoft中的Word檔或一般瀏覽器均能開啟的ＨＴＭＬ檔，再將ＨＴＭＬ檔置於公司網頁中，職員便可隨時透過瀏覽器閱覽心智圖（圖3—11）。

會議結束後共享心智圖的方法

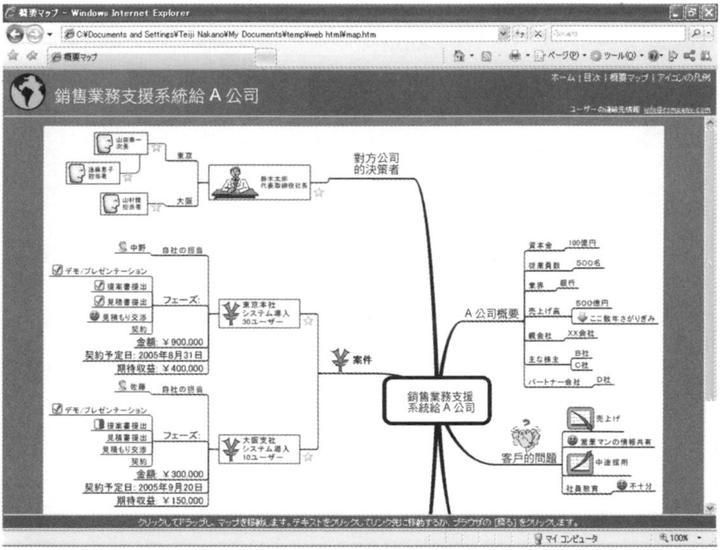

▲圖 3-11

第二部

第4章

用於簡報

簡報技術（Presentation）為業務員的必備能力。在解說企劃案時，為使與會者均能充分理解，首先必須考量以下重點：

・企劃案內容必須明確而條理分明，簡單易懂。
・說明企劃案之前須先闡明企劃背景，方能吸引聽眾注意。
・須具備足夠的企劃案說明技巧。簡報者應善加利用表情、姿勢與聲音與企劃軟體。

利用心智圖來進行簡報，將可充分達成以上要求。此外，心智圖的使用時機大致上可分為兩階段：(1)擬定企劃案階段(2)實際執行企劃案的階段。

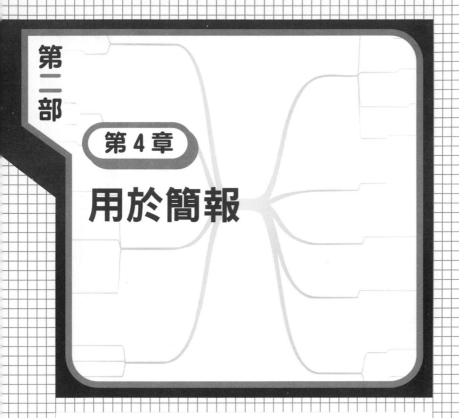

第4章 1 簡報前的準備工作

首先要做的事是簡報之前的各項準備工作。準備順序如下：

❶思考整個簡報的全貌
❷思考簡報的架構

在思考簡報架構的階段時，若發現有不足的資訊或想要補充的資料等，就應於心智圖的相關分支上做筆記以防遺漏。若電腦中有心智圖軟體的話，就能夠輕鬆地完成筆記。

- 思考整個簡報的全貌
  - 簡報是誰要求進行的
  - 簡報的目的
  - 須說明哪些內容
  - 須向哪些對象說明
  - 需要多少時間進行說明
  - 希望聽取簡報的與會者有何反應
  - 希望簡報結束後有何種後續效應

- 思考簡報的架構
  - 構成要素
  - 遺漏或多餘的部分
  - 欲補足的資訊
  - 尚欠缺的資訊

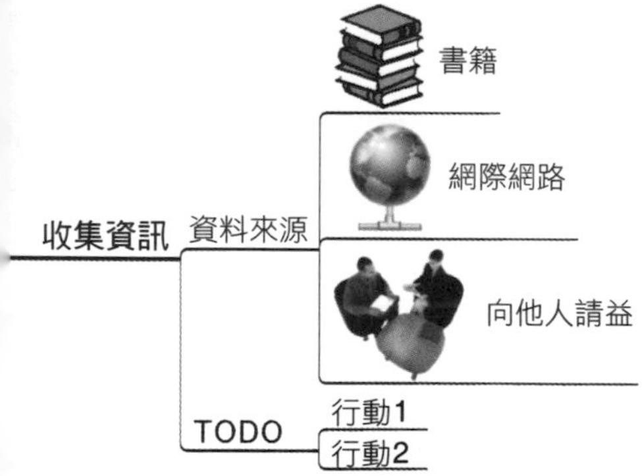
收集資訊
資料來源
書籍
網際網路
向他人請益
TODO
行動1
行動2

❸收集資訊

簡報架構中所欠缺的資訊必須透過書籍、網路乃至人脈等管道著手收集，企劃案的TODO也應直接置入簡報心智圖的分支中。但當心智圖的各項分支內容影響到思考時，則應將該分支刪除。

❹思考簡報背景

❺完成心智圖

由於心智圖所能傳達的內容有限，因此，必須視狀況提供Excel等檔案來作為補充。只要使用心智圖軟體即可輕易轉

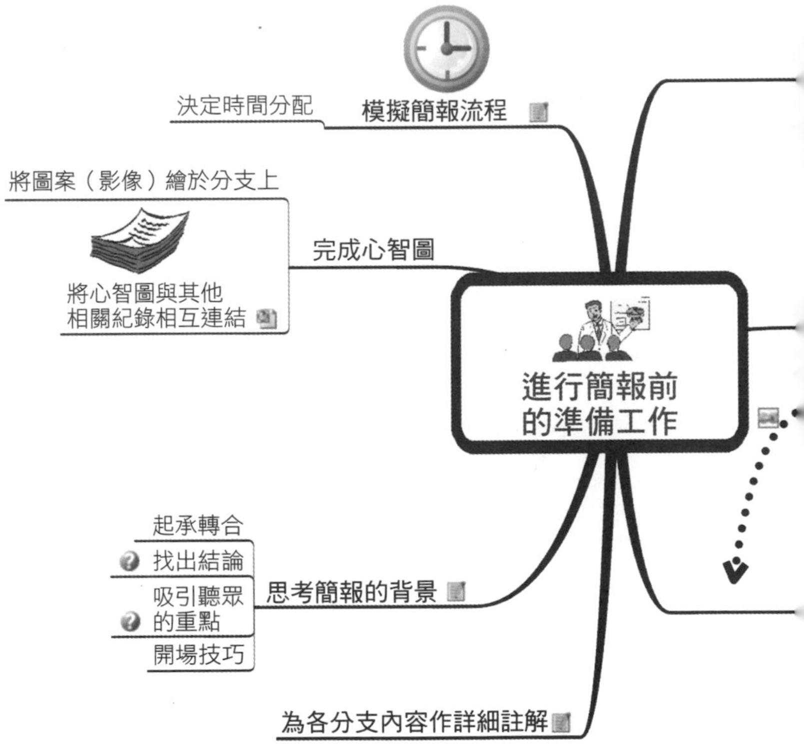

決定時間分配
模擬簡報流程
將圖案（影像）繪於分支上
完成心智圖
將心智圖與其他相關紀錄相互連結
進行簡報前的準備工作
起承轉合
找出結論
吸引聽眾的重點
開場技巧
思考簡報的背景
為各分支內容作詳細註解

▲圖 4-1

換檔案格式，而加以設定後也只須點選各分支圖示，即可將頁面切換至該標題的內容。

⑥模擬簡報進行流程

❶思考簡報的全貌

實際進行簡報前應先行思考簡報的全貌，首先可從下列問題開始思考：

- 簡報是誰要求進行的
- 簡報的目的
- 須說明哪些內容
- 須向哪些對象說明
- 需要多少時間進行說明
- 希望聽取簡報的與會者有何反應
- 希望簡報結束後有何種後續效應

簡報是誰要求進行的

簡報的目的

須說明哪些內容

須向哪些對象說明

整理出各項問題的答案後，再將其以關鍵字的形式寫在各分支下方，等整體架構都已完成後，再確認是否有不足之處。如果有希望加入的新觀點，也可於此階段追加。

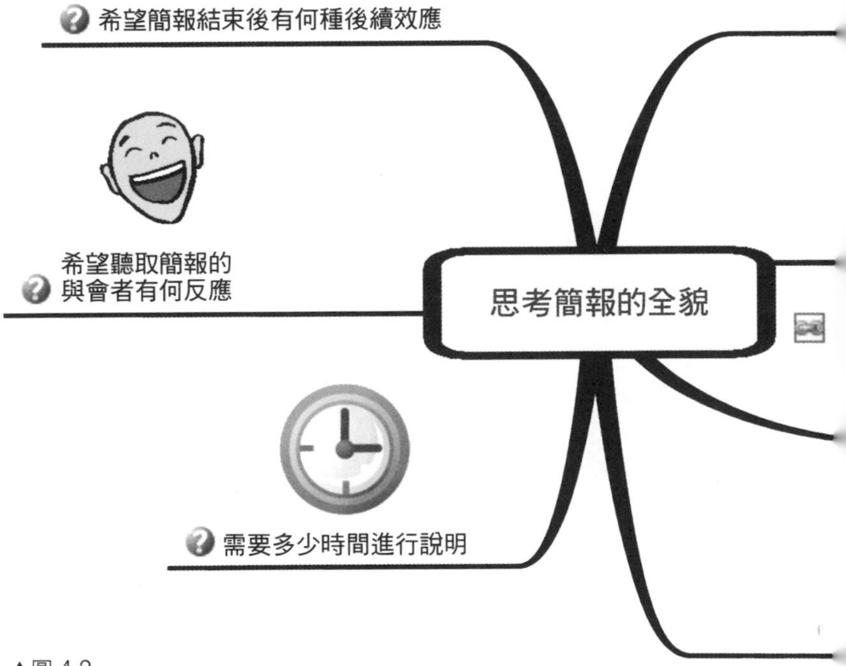
希望簡報結束後有何種後續效應
希望聽取簡報的與會者有何反應
思考簡報的全貌
需要多少時間進行說明

▲圖 4-2

❷思考架構大綱

接著便要開始思考簡報的大綱。舉例來說，當一位專門推銷大型液晶螢幕的業務員準備向客戶解說銷售方案時，首先要做的就是，思考並決定構成簡報心智圖第一層的關鍵字。而建構初步心智

▲圖 4-3

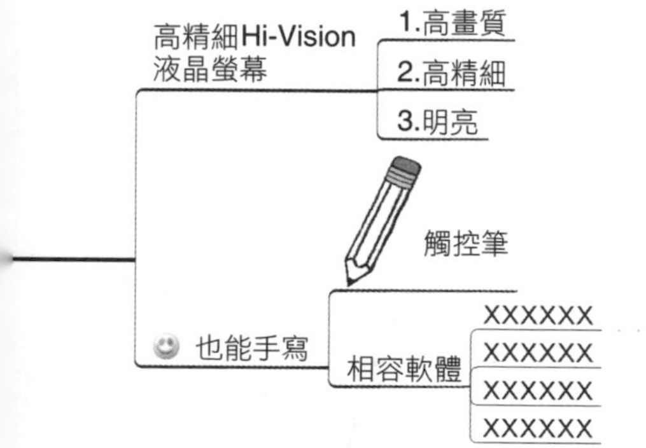

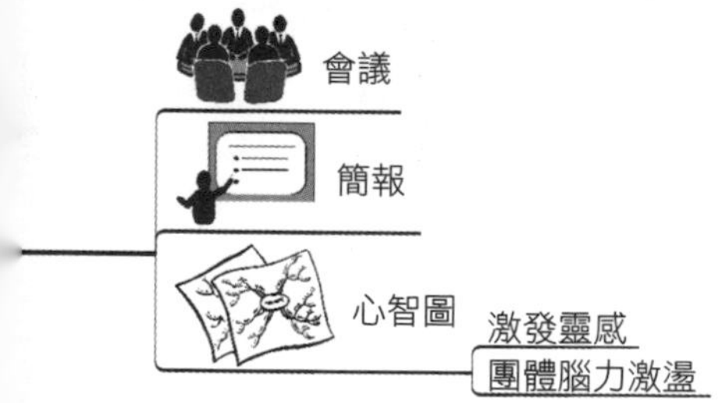

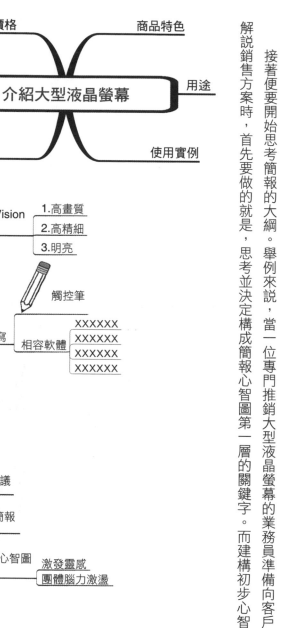

圖時所應注意的重點為：

- 是否有遺漏的部分
- 想要強調的部分為何

一位有經驗的業務員雖能輕鬆地思考出所需的關鍵字，但對於經驗不足的業務員而言，思考關鍵字往往會成為首先遇到的難關。此時，可請經驗豐富的前輩檢查自己的心智圖，以確認是否有遺漏之處。

❸為各分支內容作詳細註解

接下來要將目前為止所完成的內容做得更加詳細，也就是將第一層以下的分支內容補齊。剛開始一樣也是要先將所

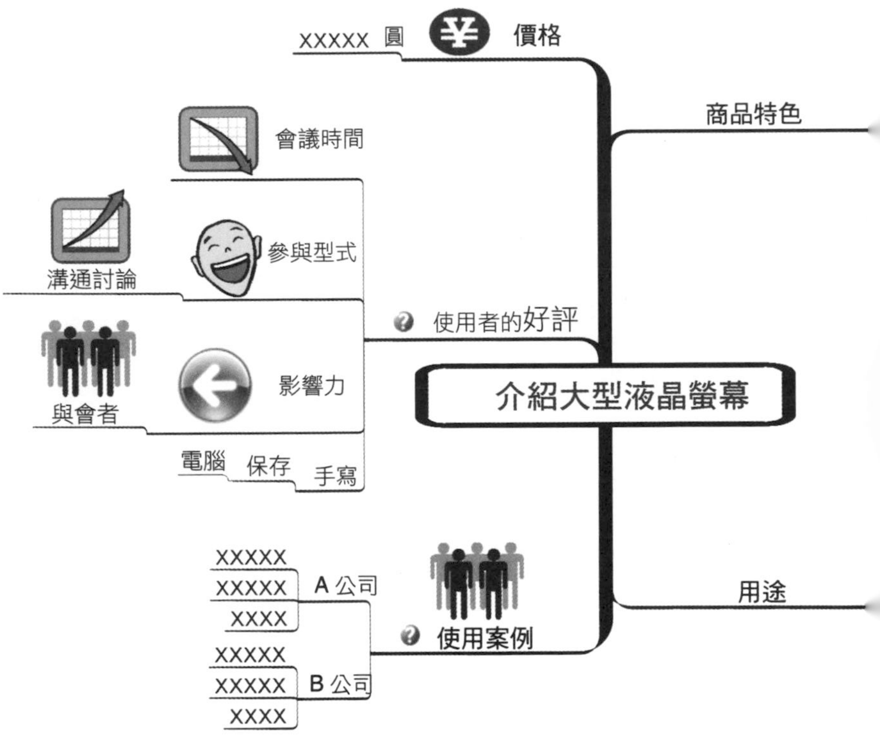
介紹大型液晶螢幕
商品特色
價格
XXXXX 圓
會議時間
參與型式
溝通討論
使用者的好評
影響力
與會者
電腦
保存
手寫
用途
使用案例
A 公司
XXXXX
XXXXX
XXXX
B 公司
XXXXX
XXXXX
XXXX

▲圖 4-4

想到的相關關鍵字輸入分支之中，接著再刪除不必要的分支，或是更換關鍵字等，藉此將心智圖整體架構調整到最平衡的狀態。分支上的關鍵字可盡量以圖像（影像）代替，如此一來，不僅能使心智圖更加生動，也能刺激聯想，而使腦海中浮現更多的關鍵字。

❹思考簡報的背景

簡報架構大致完成之後，接著便要思考如何陳述簡報的背景（說故事），例如：銷售商品時，除了說明商品功能之外，該商品的開發緣由與流程也常是客戶希望獲得的資訊。若要變更心智圖內容的說明順序時，也應於此階段進行。

只要準備好心智圖軟體，即可在進行簡報時同步變動各內容的說明順序。另外，若能因應聽眾當時的反應，來調整說明順序或增減內容等，效果也不錯。如果行有餘力的話，不妨準備從各個角度切入的背景故事，以備不時之需。

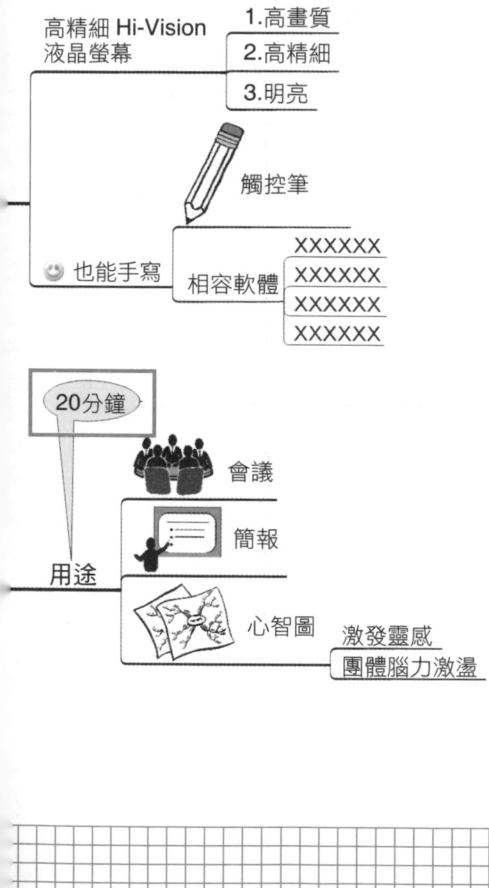

高精細 Hi-Vision 液晶螢幕
1.高畫質
2.高精細
3.明亮
觸控筆
也能手寫
相容軟體
XXXXXX
XXXXXX
XXXXXX
XXXXXX
20分鐘
用途
會議
簡報
心智圖
激發靈感
團體腦力激盪

❺模擬簡報流程

擴充簡報架構使其更為詳細之後，便要測試該簡報是否能在有限的時間內完成，此時應於構成心智圖的各分支上標記所需時間，然後將說明每一層各分支內容所需的時間加總起來，如此便能概略算出整個簡報所需的時間。尚未熟悉此技巧的人也可邊看心智圖邊進行解說。

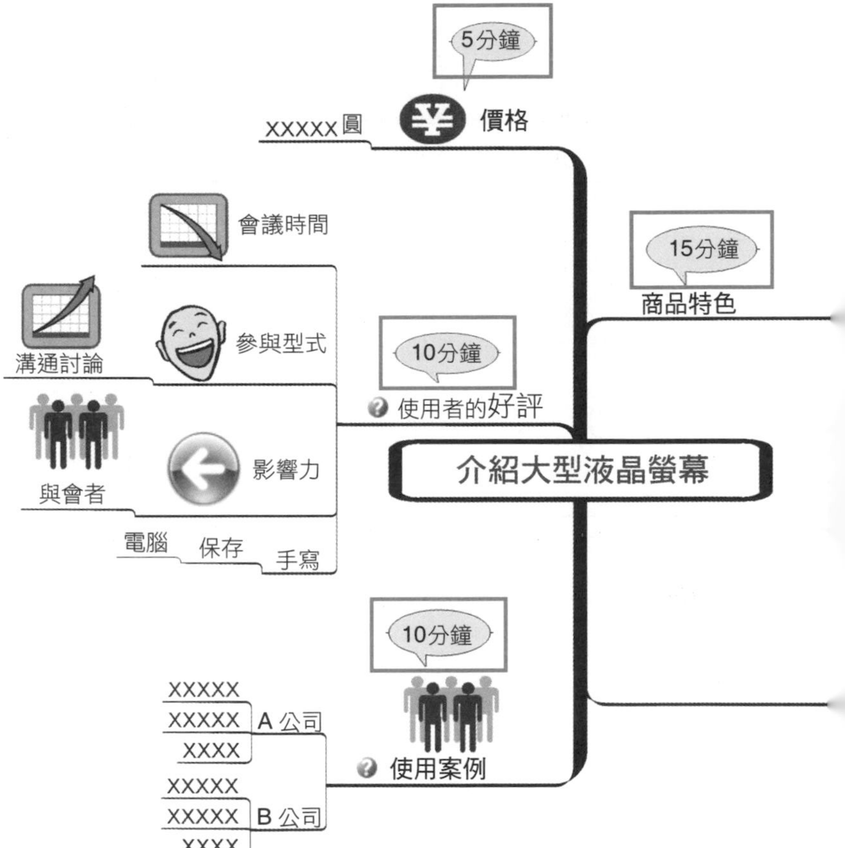

▲圖 4-5

實際進行簡報時，共可分為直接出示心智圖與使用PowerPoint進行解說等兩種方式。在此將針對其差異來詳細說明。

使用心智圖進行簡報

由於準備簡報的過程均離不開心智圖，因此，在最後階段自然也能直接以心智圖來進行說明。運用電腦心智圖軟體的各項功能，將可完成以下事項：

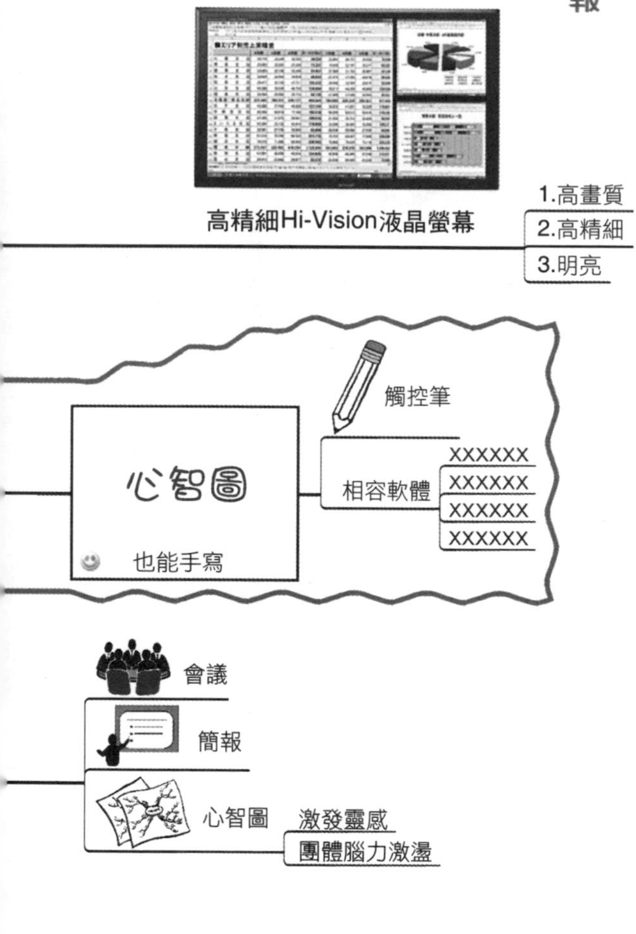
高精細Hi-Vision液晶螢幕
1.高畫質
2.高精細
3.明亮
觸控筆
心智圖
也能手寫
相容軟體
XXXXXX
XXXXXX
XXXXXX
XXXXXX
會議
簡報
心智圖
激發靈感
團體腦力激盪

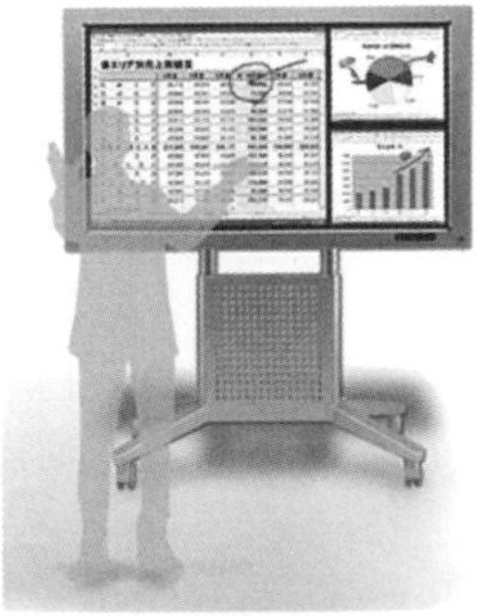

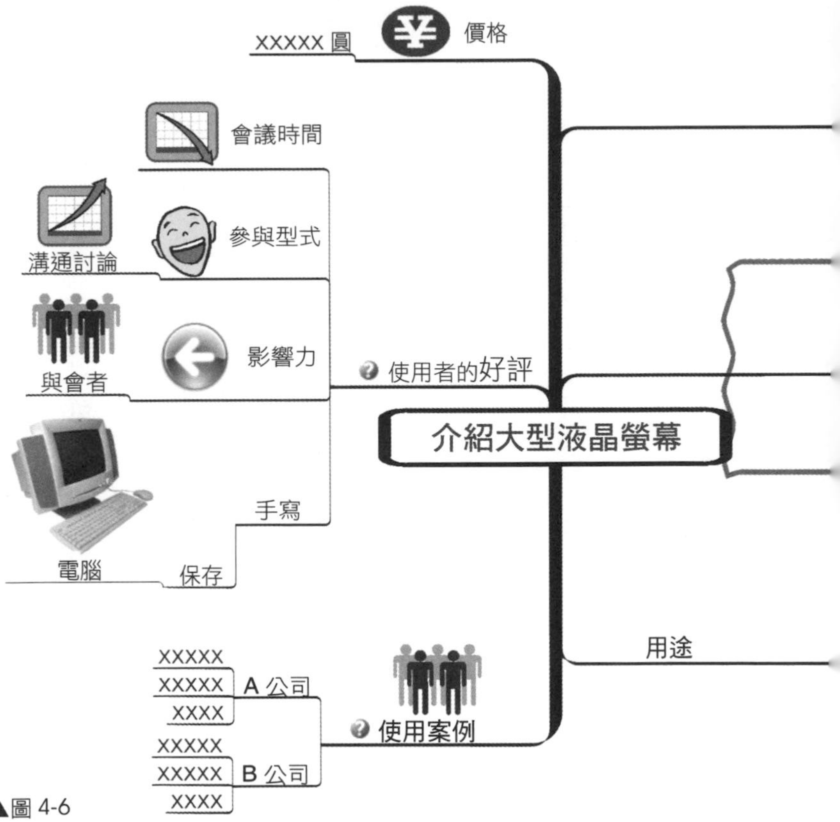
介紹大型液晶螢幕
價格
XXXXX 圓
會議時間
參與型式
溝通討論
影響力
與會者
使用者的好評
手寫
保存
電腦
使用案例
A 公司
XXXXX
XXXXX
XXXX
B 公司
XXXXX
XXXXX
XXXX
用途

▲圖 4-6

- 過濾功能可隱藏與簡報內容無關的部分，只顯示出所需的分支，例如：只顯示出第一層的分支，這麼一來，就可讓與會者更容易循序漸進地理解簡報內容。
- 當心智圖的分支數量較多時，容易造成對方不易理解。此時，可利用切割功能來將結構複雜的心智圖加以簡化。
- 使用心智圖軟體可輕易地將照片等圖檔置入各分支中，使簡報的視覺效果更為豐富，藉以強化與會者對簡報內容的印象。
- 在簡報過程中仍可使用軟體來追加分支，藉以強化整份簡報的完整性。
- 只要運用「Presentation Mode」等功能，就可透過點選圖示的方式，使分支自動顯示。

使用PowerPoint進行簡報

PowerPoint為另一種簡報時經常使用的軟體，但以心智圖來製作簡報仍較為方便，因為心智圖軟體具有能將心智圖自動轉為PowerPoint投影片的功能。實際上，有許多人在進行簡報時，會將心智圖置於手邊，而使用PowerPoint投影片向與會者進行說明；由於隨時可透過心智圖進行確認，因此不會出現發言偏離主題的情形。

PowerPoint投影片中並不適合放入過長的內容，否則會導致與會者得專心閱讀文章，而無法專注地聆聽講者的解說。如果能縮減投影片的內容，使其能如心智圖的關鍵字般簡潔有力，反而更能提高與會者對台上解說的注意力（圖4－8）。

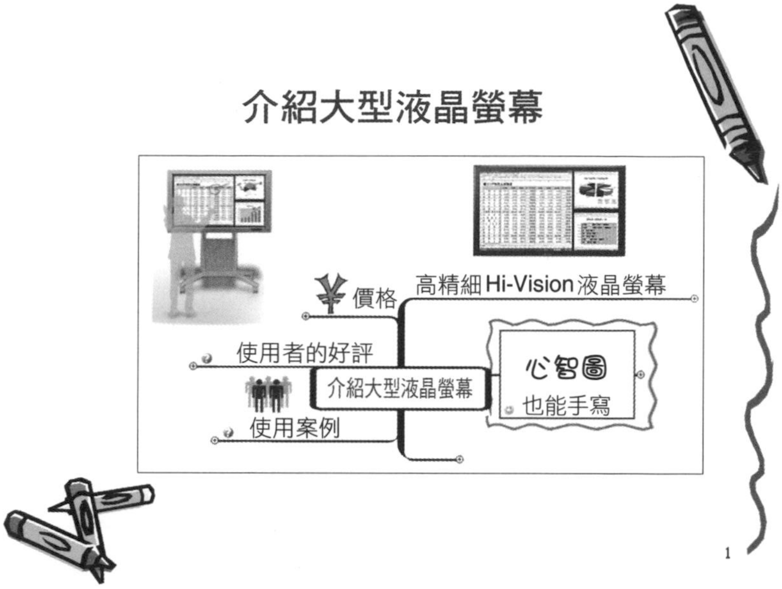
介紹大型液晶螢幕
價格
高精細 Hi-Vision 液晶螢幕
使用者的好評
心智圖
也能手寫
介紹大型液晶螢幕
使用案例
1

▲圖 4-7

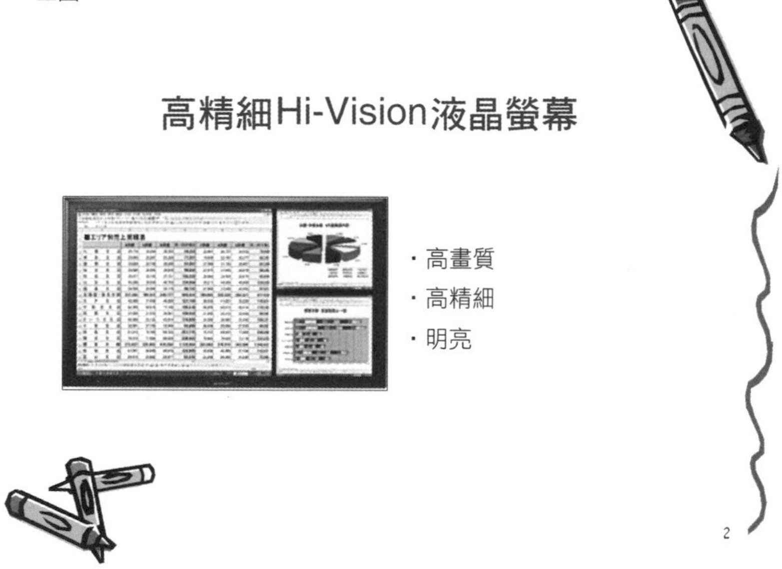
高精細Hi-Vision液晶螢幕
・高畫質
・高精細
・明亮
2

▲圖 4-8

第二部

第5章

人才培育術

有道是，「培育部屬是上司的職務之一」，但實際上很少為人主管者有自信能將部屬培育成可獨當一面的人才。由於過去的職場根深柢固地認為「用眼睛學習」是不可動搖的準則，使得上個世代的主管不僅鮮少有傳經授道的經驗，部屬們也多半具有出眾的獨立學習精神。然而，今日的二十與三十世代的年輕員工卻得時常接受內部訓練，也間接使得上司的責任與日俱增。本章所要介紹的，即是如何運用心智圖，來創造事半功倍的育才效果。

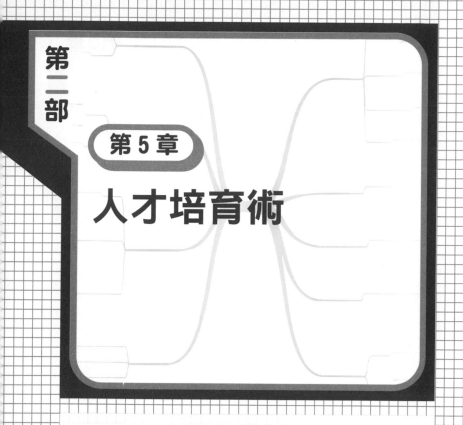

第5章 1

將部屬的日常活動製成心智圖

一般企業中的人事考核卡通常只是人事部門為提交報告所作的制式調查表，實際上並無法為部屬的成長帶來任何幫助，這是因為人事考核卡難以留下非形式紀錄的緣故。若能改以心智圖來評估部屬的表現，必能從中發現部屬的潛能。

由於平時總是與部屬一同工作，使得許多上司常會誤以為自己對部屬的一切瞭若指掌，但若實際將其日常活動製作成心智圖，往往就會發現自己尚未理解或無法明確寫出的內容，竟然出乎意外的多。

首先，請仿照圖5—1，把對部屬的認知逐一輸入心智圖中。由於在此加入個人觀點的心智圖只能算是樣本，因此內容勢必會有所偏頗。但隨著心智圖一步步地完成，你將會發現自己因長久

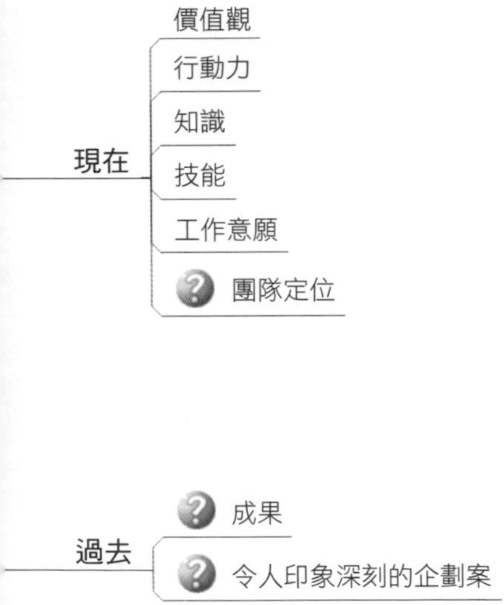
現在
價值觀
行動力
知識
技能
工作意願
團隊定位
過去
成果
令人印象深刻的企劃案

將部屬的日常活動製成心智圖

依賴非形式理解而忽略的部分，並藉此認識許多過去未能瞭解的部屬特性。

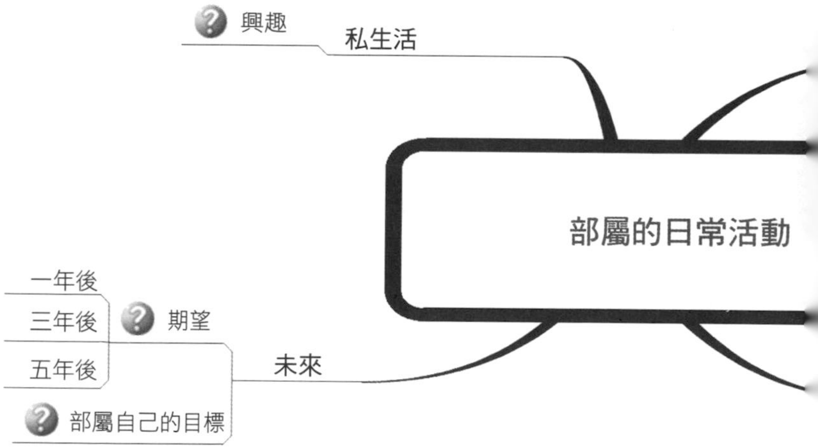

▲圖 5-1

第5章

2 將心智圖導入企業教練課程中

今日有許多企業已瞭解到「教練課程」（Coaching）的優點，並為了達成「提升職員工作意願」、「促成客戶與部屬間的良好溝通」等目標，而陸續導入教練課程。

教練課程是一種引導對方自己察覺問題並找出解決方法的技巧，而實際在與部屬進行溝通時，此技巧所能發揮的作用便顯得格外重要。相信曾經參與或舉辦過此課程的讀者，應該都會明白透過對話來引導部屬提問或解決問題有多困難。

在職場上，確實有部分人有習慣思考個人的目標與眼前應克服的問題，但大多數的人卻缺乏主動釐清問題的意識。

針對這種情況，應將引導式問題列於心智圖的分支上，並由職員來補充其不足之處後再行對話。另外，在與部屬對

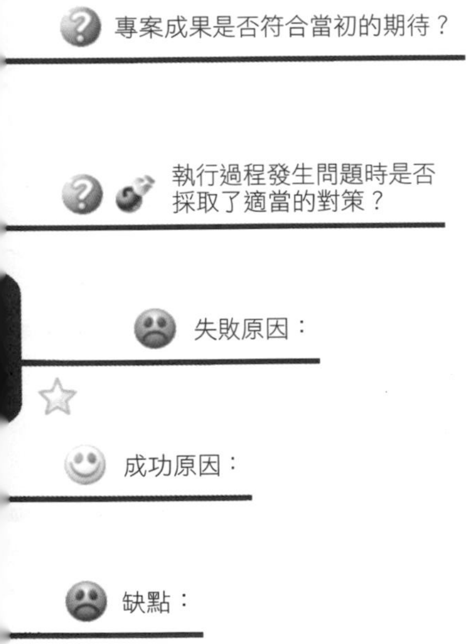
專案成果是否符合當初的期待？
執行過程發生問題時是否採取了適當的對策？
失敗原因：
成功原因：
缺點：

話的過程中共同完成心智圖也是值得一試的方法。

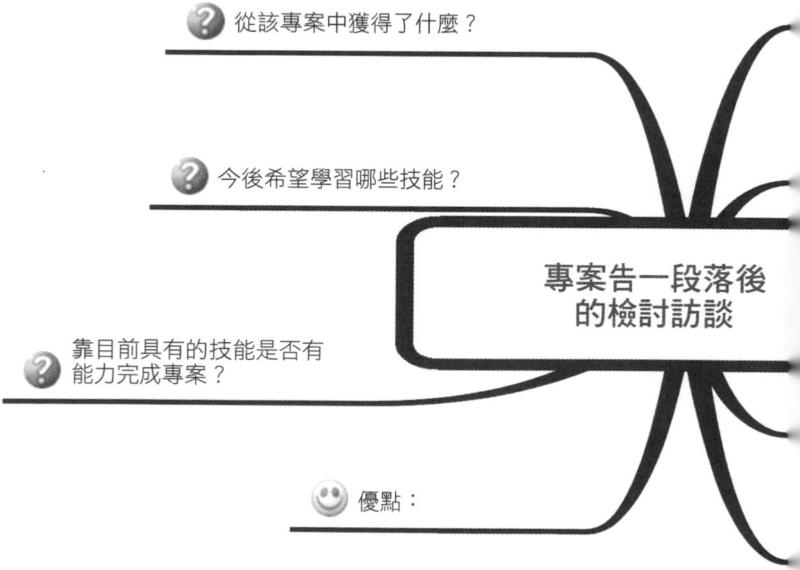
從該專案中獲得了什麼？
今後希望學習哪些技能？
專案告一段落後的檢討訪談
靠目前具有的技能是否有能力完成專案？
優點：

▲圖 5-2

3 將企業遠景繪製成心智圖

今日導入「企業導師制度」（Mentoring）的企業有日漸增加的趨勢。簡單來說，所謂的企業導師制度即是由經驗豐富的前輩來指導後進之意。指導內容除了工作之外，也包括心理及社會適應等層面，也就是給予後進綜合性專業輔助的制度。

企業導師制度的主要內容包括：

- 教練課程
- 企業遠景
- 諮詢輔導
- 職場教育
- 角色楷模
- 贊助支援

當準備對員工宣導企業

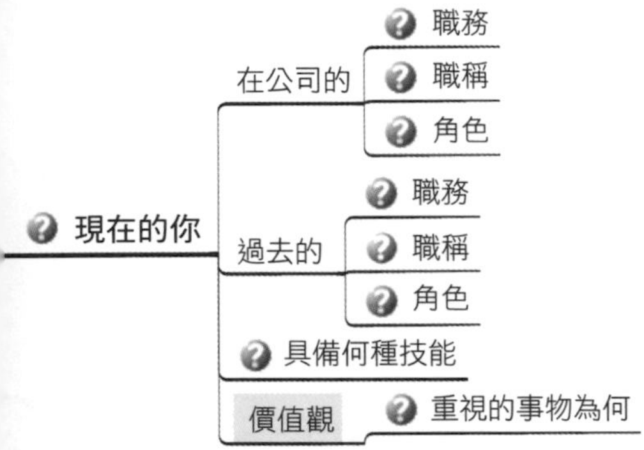
現在的你
在公司的
職務
職稱
角色
過去的
職務
職稱
角色
具備何種技能
價值觀
重視的事物為何

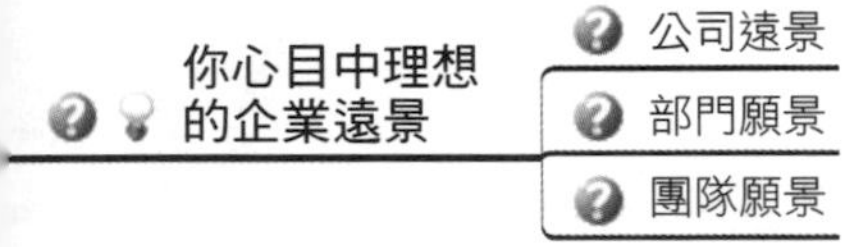
你心目中理想的企業遠景
公司遠景
部門願景
團隊願景

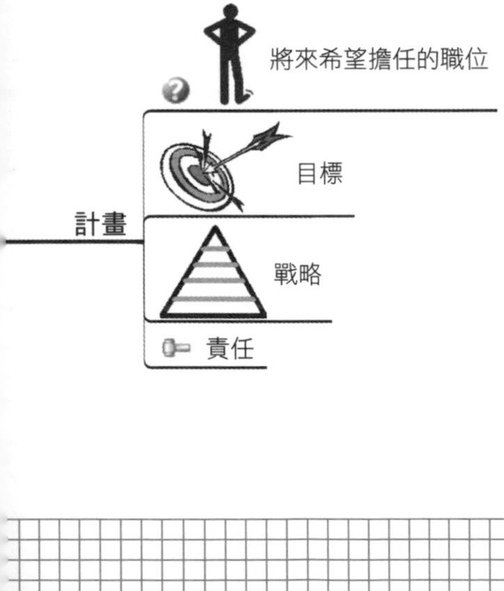
計畫
將來希望擔任的職位
目標
戰略
責任

將企業遠景繪製成心智圖

遠景時，可仿效圖5—3將企業藍圖繪成心智圖，如此將能大幅提升宣導效果。因為光靠對話進行的教練課程，所能傳達的企業藍圖其實是有限的。

一般的企業員工雖然能明確地陳述個人對職業的認知，卻往往無法深入思考其意義，這種情況可說是相當矛盾。此時即可藉由心智圖來將模糊的認知加以視覺化。

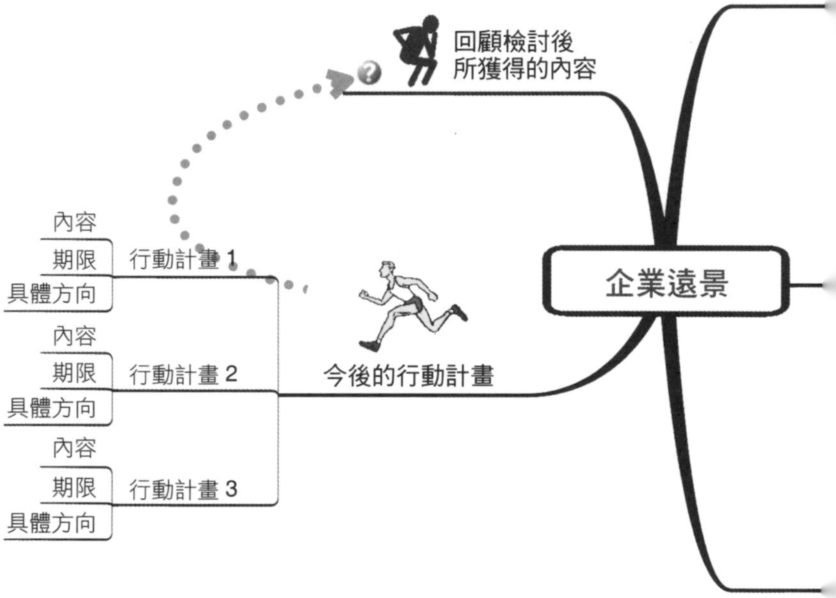

企業遠景
回顧檢討後
所獲得的內容
今後的行動計畫
行動計畫 1
行動計畫 2
行動計畫 3
內容
期限
具體方向
內容
期限
具體方向
內容
期限
具體方向

▲圖 5-3

第5章 4

運用心智圖進行自我指導

在進行教練課程時，一般多會請專業的企業教練來指導，但透過心智圖也可使員工自力達到某種程度的訓練成效。由於教練課程的定義為「引導員工察覺問題及思考答案的措施」，因此，若能使員工將焦點轉移至心智圖上，即可能使其自行察覺問題所在。

圖5—4為引導員工進行自我指導時所使用的心智圖範例。員工反覆詳讀之後，即可自行增添分支或變更內容，如此一來，心智圖就會漸漸變得完整。

企業教練與學員之間的信賴關係常被視為訓練過程中最重要的部分。然而，若使用自行繪製的心智圖進行訓練，則不須顧慮其他外在條件，而能

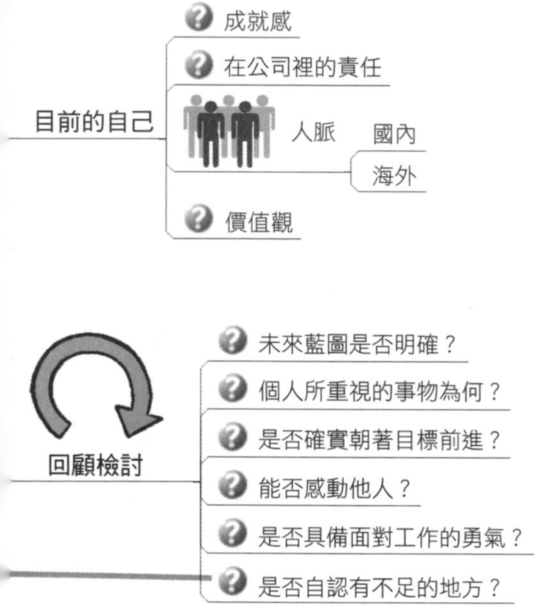
目前的自己
成就感
在公司裡的責任
人脈
國內
海外
價值觀
回顧檢討
未來藍圖是否明確？
個人所重視的事物為何？
是否確實朝著目標前進？
能否感動他人？
是否具備面對工作的勇氣？
是否自認有不足的地方？

運用心智圖進行自我指導

充分把握已知的內容。這種自我指導（Self Coaching）的方式確實有著不容忽視的實用性。

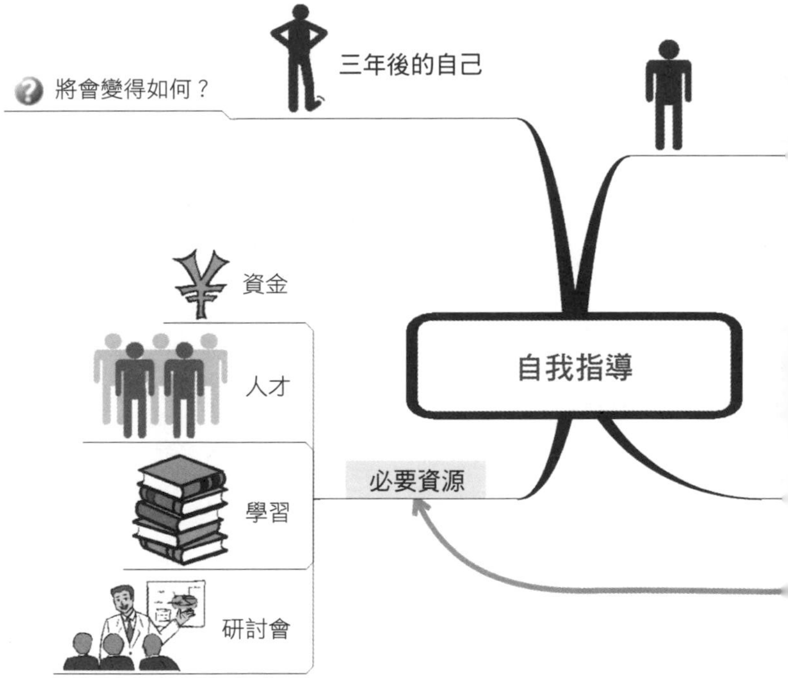

▲圖 5-4

第1章 第2章 第3章 第4章 第5章 第6章 第7章 第8章 第9章

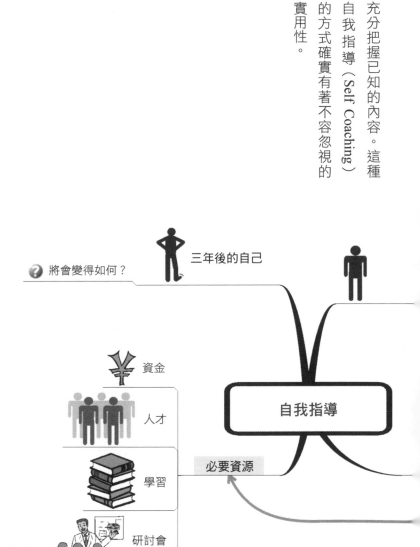

第5章

5

將心智圖帶入導師制度中

今日，有許多社會新鮮人常因為與同事溝通不良、工作壓力過大，或是對職場抱持諸多不滿等理由而選擇離職。為了避免離職潮造成企業成本損耗，企業對於主管培育人才的技巧要求也日益多元。上司除了必須扮演「Mentor」（導師）的角色，還得同時進行人才培育的工作。

在導師制度中，上司必須指導部屬參與教練課程，並且將部屬所認知的企業願景加以「視覺化」（Visualize）。此時，若能在對話的同時使用心智圖，來將部屬應達成的目標及任務等「視覺化」，即可使雙方共享企業願景及價值觀。

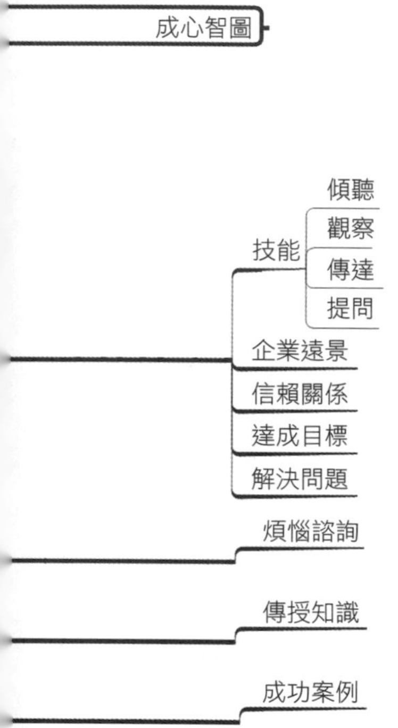
成心智圖
技能
傾聽
觀察
傳達
提問
企業遠景
信賴關係
達成目標
解決問題
煩惱諮詢
傳授知識
成功案例

將心智圖帶入導師制度中

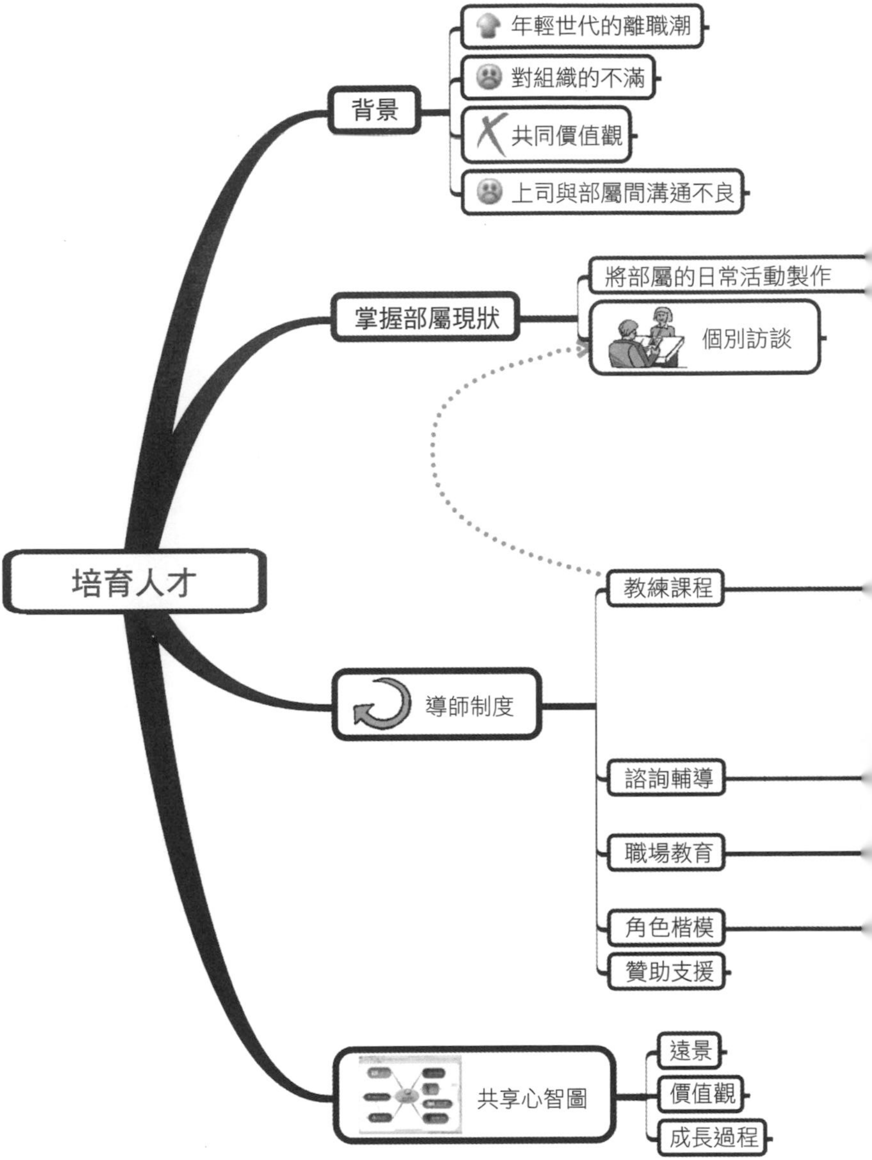

▲圖 5-5

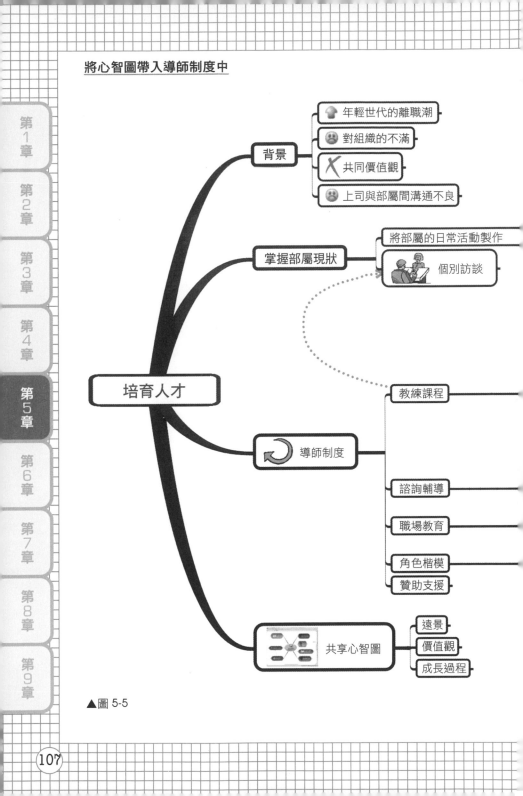

第二部

第 6 章

資訊收集術

在收集資訊時，心智圖將能成為你絕佳的幫手。本章主要透過運用電腦心智圖軟體收集資訊的範例，來為各位介紹幾項常用的方法。

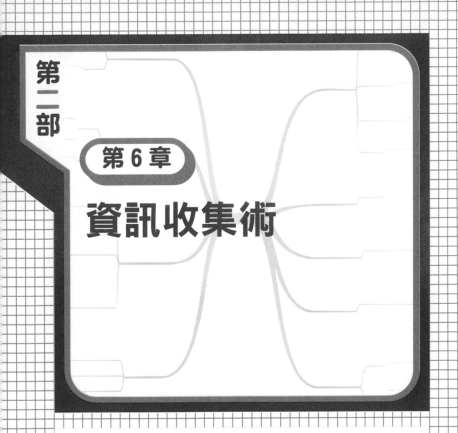

第6章 1

將文字檔案化為心智圖

工作時，許多人經常必須長時間地使用電子郵件處理各項事務，必須保留郵件內容時，有時也會先將其轉換成心智圖。在下列情形中此方法將能發揮相當的效用：

- 希望將複雜而不易閱讀的郵件轉成易於理解的內容時；
- 希望將郵件內容與其他已做成心智圖的資訊作超連結時；
- 希望將郵件內容插入TODO清單時。

接下來，讓我們來看看將研討會通知郵件轉換為心智圖的範例。將範例中的郵件內容以心智圖軟體進行轉換，就可輕鬆地完成如圖6－1般的心智圖。

將文字檔案化為心智圖

====================郵件內容====================

□主題「Web 2.0時代的資訊整理術
　～Mind Manager工作研討會～」（60分鐘）
□舉行日期：2009年11月8日（日）

13：30～16：30
（13：00開始入場）
□舉行地點：心智圖有限公司 研討會會場
　台北市○○路○○號○○大樓
　地圖請參照http://www.xxxx.com.tw
　最近車站：捷運○○站

□人　　數：30位（預計參加人數約20位）

□參 加 費：免費

□主辦：心智圖有限公司
　協辦：A公司

□報名截止日期：2009年11月6日（五）

□研討內容：
(1)探討Mind Manager的定位
・如今已是資訊氾濫的Web 2.0時代。
Mind Manager等心智圖軟體能幫助使用者在龐大的資訊量中，擷取出個人所需的資訊。
・Mind Manager為眾多心智圖軟體中表現最為亮眼，且在海外擁有實績的軟體。近期也推出日語版，並增加適用於Mac作業環境的功能。
(2)如何應用於「激發創意」之上
・Mind Manager能將稍縱即逝的靈感或創意有條有理地整理於心智圖上。
(3)如何應用於「提升效率」之上
・從氾濫的資訊量中篩選出所需內容並列於心智圖上。
若搭配Spotlight將能進一步提高作業效率。
・將複雜的程序或流程以具有「精確」、「簡易」、「一致」等特色的圖解方式呈現。
(4)應用範圍包括職場至私人事務
・Mind Manager與商務應用軟體「iWork」及Microsoft Office相容。
・想規劃「秋季旅行計畫」時，使用Mind Manager即可完成一份架構清晰的旅行計畫心智圖。

==

～Mind Manager工作研討會～」（60分鐘）

13:30～16:30
（13：00開始入場）

台北市〇〇路〇〇號〇〇大樓

地圖請參照http://www.xxxx.com.tw

最近車站： 捷運〇〇站

協辦：A公司

・如今已是資訊氾濫的Web 2.0時代。
Mind Manager 等心智圖軟體能幫助使用者在龐大的資訊量中，擷取出個人所需的資訊。

・Mind Manager為眾多心智圖軟體中表現最為亮眼，且在海外擁有實績的軟體。在近期也推出日語版，並增加適用於Mac作業環境的功能。

・Mind Manager能將稍縱即逝的靈感或創意井然有序地整理於心智圖上。

・從氾濫的資訊量中篩選出所需的內容並列於心智圖上。
若搭配Spotlight將能進一步提高作業效率。

・將複雜的程序或流程以符合「精確」、「簡易」、「一致」等特色的圖解方式呈現。

・Mind Manager與商務應用軟體「iWork」及Microsoft Office相容。

・想規劃「秋季旅行計畫」時，
用Mind Manager即可完成一份架構清晰的旅行計畫心智圖。

將文字檔案化為心智圖

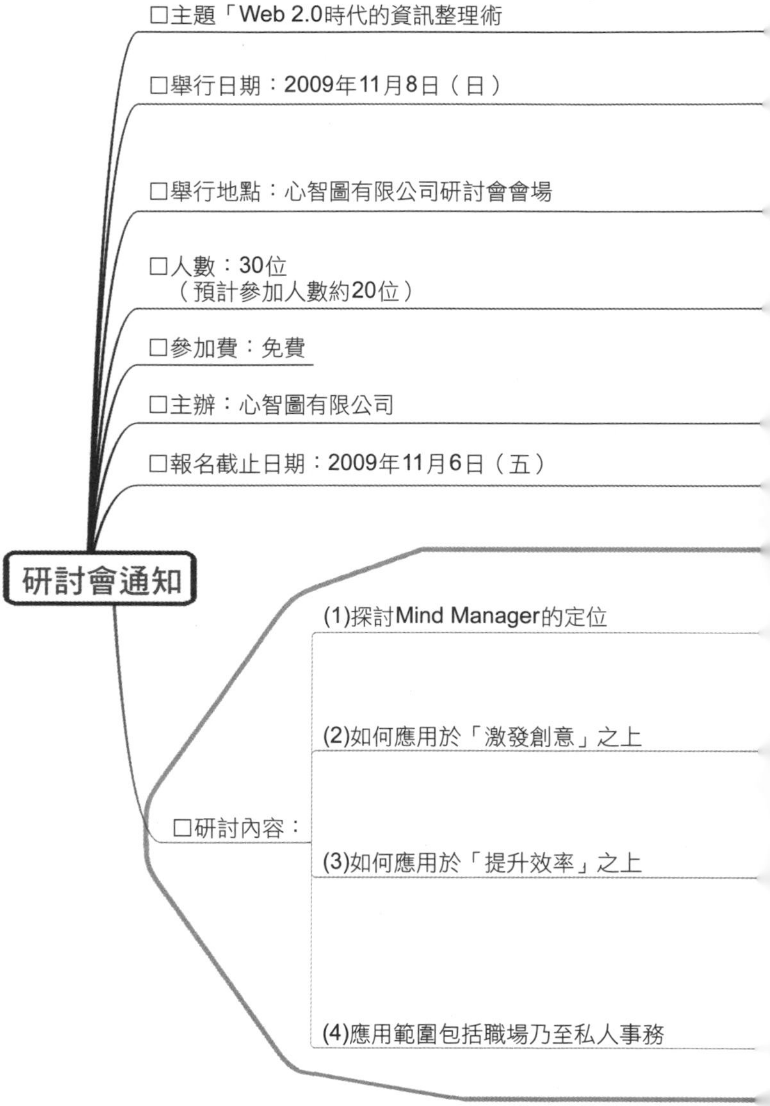

研討會通知
□主題「Web 2.0時代的資訊整理術
□舉行日期：2009年11月8日（日）
□舉行地點：心智圖有限公司研討會會場
□人數：30位
（預計參加人數約20位）
□參加費：免費
□主辦：心智圖有限公司
□報名截止日期：2009年11月6日（五）
□研討內容：
(1)探討Mind Manager的定位
(2)如何應用於「激發創意」之上
(3)如何應用於「提升效率」之上
(4)應用範圍包括職場乃至私人事務

▲圖 6-1

將網頁整理成心智圖

當要查詢資料時，網路通常是多數人的優先考量。那麼，各位會如何保存透過搜尋引擎所查得的網頁呢？一般多會將其存入「我的最愛」。但當「我的最愛」中保存的網頁數量逐漸增加時，整理起來就會相對費時。另外，光是將網頁存入「我的最愛」，是無法與其他網頁相互連結的，因此在使用上常會造成不便。

而由於心智圖軟體能在各分支上插入超連結，因此，只要直接將各網頁的網址貼上，即可完成心智圖與各網頁的連結。有的心智圖軟體也具備點選瀏覽器上的選項即可自動完成URL連結的功能。

ITmedia
企業：日本版 SOX 法案邁入籌備階段，將導致IT業界的混亂？

Learning EA & IT Asset
Management Company 'ITPsoft'

@IT：活用BPMN
開發企業經營模式(1)

* SOX法案：沙賓法案（Sarbanes-Oxley Act）是美國立法機構根據安隆有限公司、世界通訊公司等財務欺詐事件暴露出來的公司和證券監管問題所訂立的監管法規，簡稱《SOX 法案》或《索克思法案》。

將網頁整理成心智圖

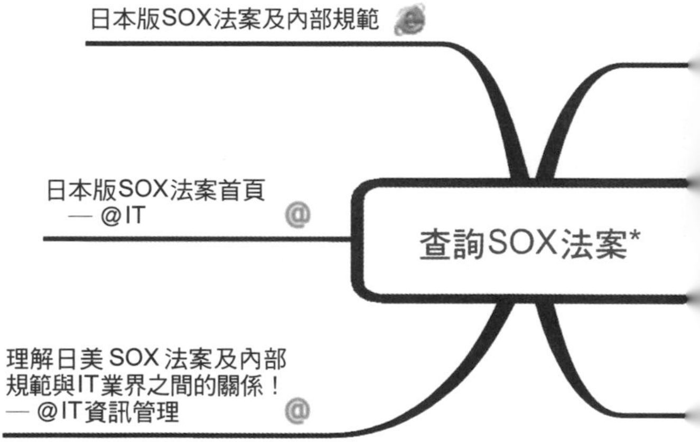
日本版SOX法案及內部規範
日本版SOX法案首頁
— @IT
查詢SOX法案*
理解日美 SOX 法案及內部
規範與IT業界之間的關係！
— @IT資訊管理

▲圖 6-2

第6章

3 使用心智圖來進行檔案統整

使用電腦時，若要保存完成的檔案，一般多會新增資料夾，並將檔案分門別類地儲存在各資料夾中。然而，隨著檔案數量逐漸增加，有時也會常出現搜尋不到所需檔案的情形。

demo
GSMP_Sample
MM6 DevZone
MM6 Object Model.chm
MM6 Object Model.mmap
project management
唯有 MindManager Pro 6才具備的優秀功能.mmap
MindManager Pro 6與Basic6的共通功能.mmap
MindManager Pro 6的特色.mmap
MindManager是什麼.mmap
轉換成Word.xls
心智圖的使用規則.mmap
software的開發作業工程.mmap
研討會報告.mmap
夏季方案.mmap
新商品提案.mmap
生產管理系統 Kickoff Meetingt.mmap
參與專案成功案例.mmap
參與專案成功案例.ppt
商品販售過程.mmap
UML分析設計
usecase
其他
公司內部會議

使用心智圖來進行檔案統整

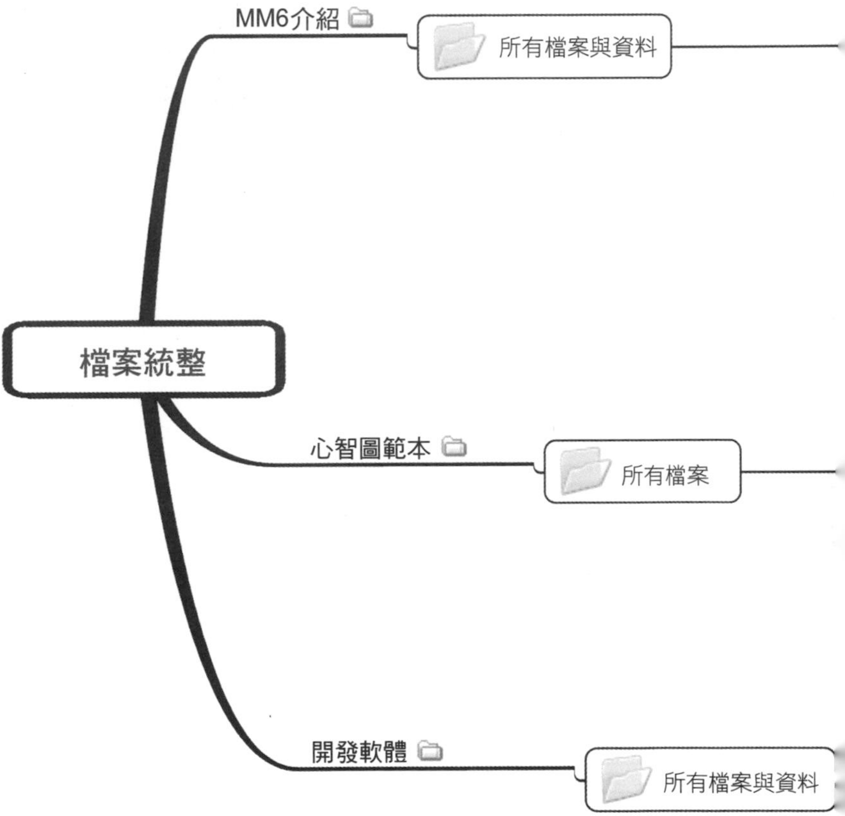

檔案統整
MM6介紹
所有檔案與資料
心智圖範本
所有檔案
開發軟體
所有檔案與資料

▲圖 6-3

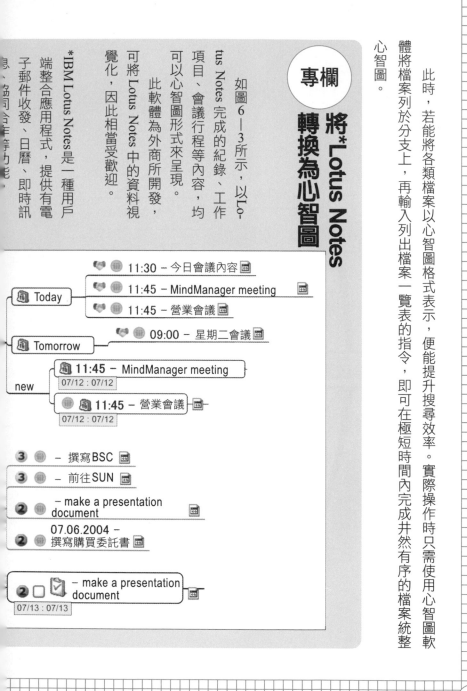

此時，若能將各類檔案以心智圖格式表示，便能提升搜尋效率。實際操作時只需使用心智圖軟體將檔案列於分支上，再輸入列出檔案一覽表的指令，即可在極短時間內完成井然有序的檔案統整心智圖。

專欄　將*Lotus Notes轉換為心智圖

如圖6－3所示，以Lotus Notes完成的紀錄、工作項目、會議行程等內容，均可以心智圖形式來呈現。

此軟體為外商所開發，可將Lotus Notes中的資料視覺化，因此相當受歡迎。

*IBM Lotus Notes是一種用戶端整合應用程式，提供有電子郵件收發、日曆、即時訊息、協同合作等功能，

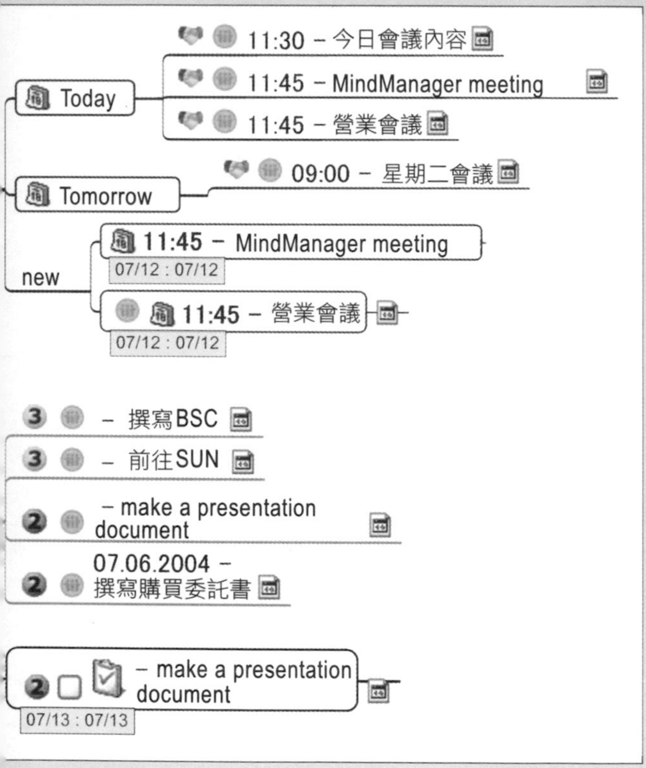

Today
11:30 – 今日會議內容
11:45 – MindManager meeting
11:45 – 營業會議
Tomorrow
09:00 – 星期二會議
new
11:45 – MindManager meeting
07/12 : 07/12
11:45 – 營業會議
07/12 : 07/12
3 – 撰寫BSC
3 – 前往SUN
2 – make a presentation document
2 07.06.2004 – 撰寫購買委託書
2 – make a presentation document
07/13 : 07/13

使用心智圖來進行檔案統整

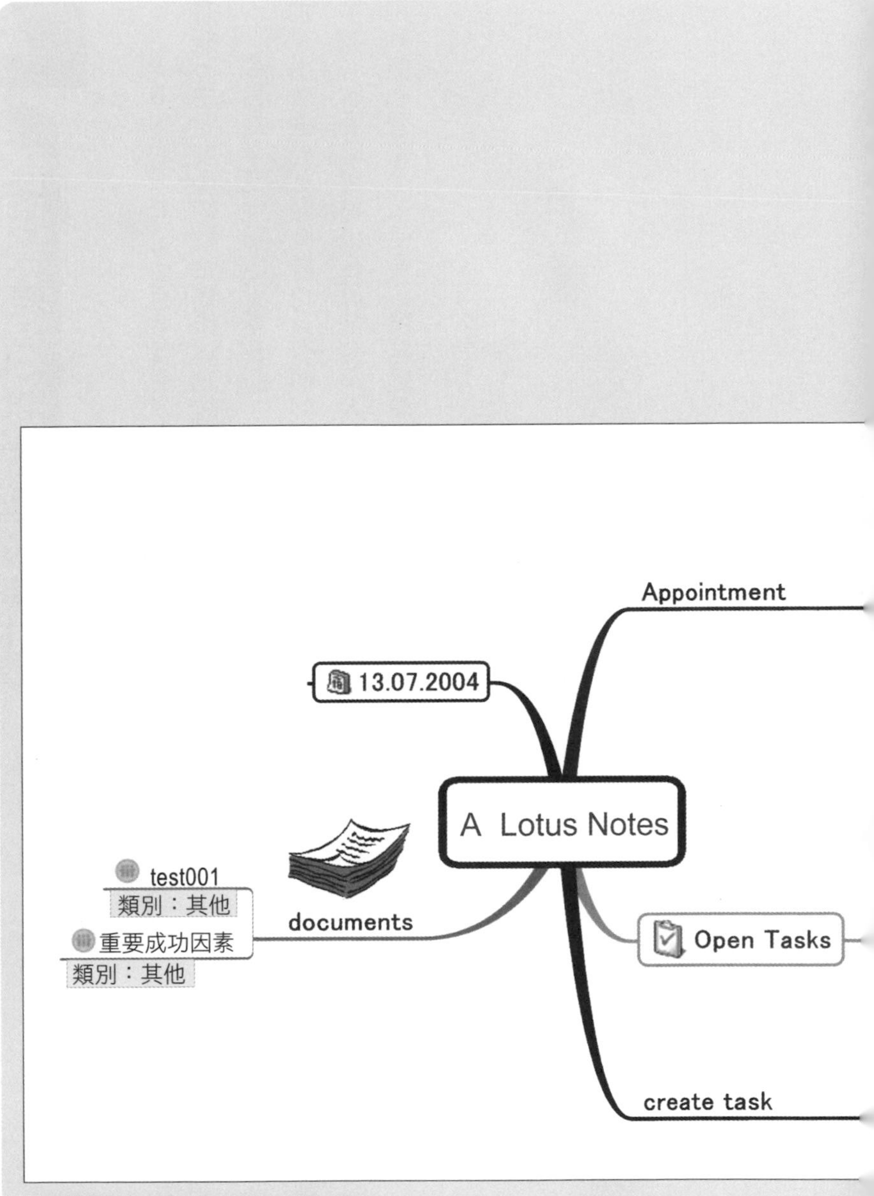
Appointment
13.07.2004
A Lotus Notes
test001
類別：其他
重要成功因素
類別：其他
documents
Open Tasks
create task

▲圖 6-4

第6章

4

善用RSS來閱讀新聞

RSS（Really Simple Syndication）是一種用來將網頁標題及摘錄內容等以XML格式傳送的系統，主要於通知網站更新資訊時使用。

今日為了定期接收更新資訊，而使用「RSS閱讀器」來瀏覽部落格或新聞的使用者正逐漸增加。而有些心智圖軟體也具有類似RSS閱讀器的功能，能夠節錄新聞標題並轉換為心智圖。而轉換為心智圖的優點，在於能夠讓人更迅速地瀏覽，並從中找出所需的資訊，以及將必要的分支轉貼到其他心智圖上，使資訊連結變得更加容易。

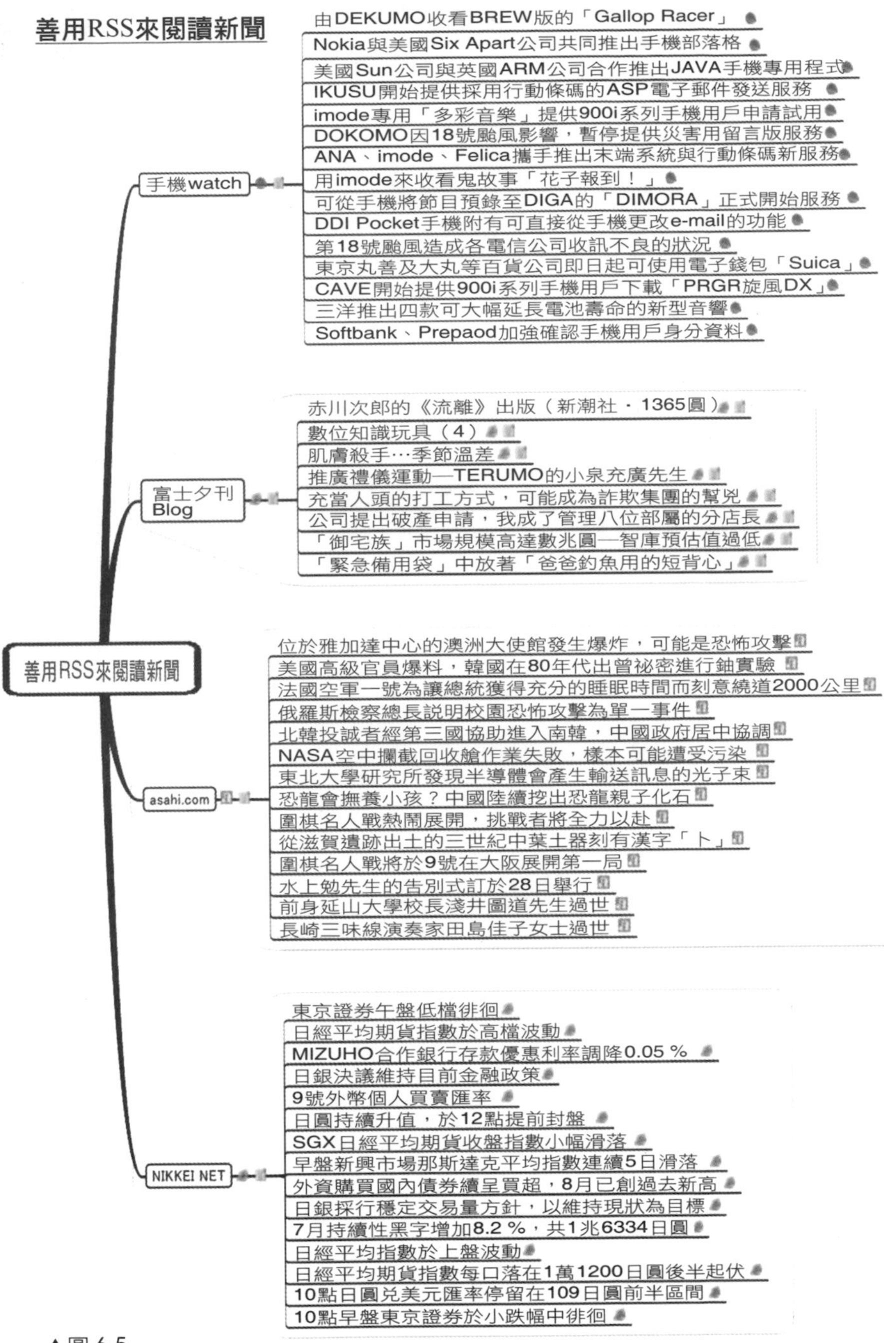
善用RSS來閱讀新聞
善用RSS來閱讀新聞
手機watch
由DEKUMO收看BREW版的「Gallop Racer」
Nokia與美國Six Apart公司共同推出手機部落格
美國Sun公司與英國ARM公司合作推出JAVA手機專用程式
IKUSU開始提供採用行動條碼的ASP電子郵件發送服務
imode專用「多彩音樂」提供900i系列手機用戶申請試用
DOKOMO因18號颱風影響，暫停提供災害用留言版服務
ANA、imode、Felica攜手推出末端系統與行動條碼新服務
用imode來收看鬼故事「花子報到！」
可從手機將節目預錄至DIGA的「DIMORA」正式開始服務
DDI Pocket手機附有可直接從手機更改e-mail的功能
第18號颱風造成各電信公司收訊不良的狀況
東京丸善及大丸等百貨公司即日起可使用電子錢包「Suica」
CAVE開始提供900i系列手機用戶下載「PRGR旋風DX」
三洋推出四款可大幅延長電池壽命的新型音響
Softbank、Prepaod加強確認手機用戶身分資料
富士夕刊 Blog
赤川次郎的《流離》出版（新潮社・1365圓）
數位知識玩具（4）
肌膚殺手…季節溫差
推廣禮儀運動—TERUMO的小泉充廣先生
充當人頭的打工方式，可能成為詐欺集團的幫兇
公司提出破產申請，我成了管理八位部屬的分店長
「御宅族」市場規模高達數兆圓—智庫預估值過低
「緊急備用袋」中放著「爸爸釣魚用的短背心」
asahi.com
位於雅加達中心的澳洲大使館發生爆炸，可能是恐怖攻擊
美國高級官員爆料，韓國在80年代出曾祕密進行鈾實驗
法國空軍一號為讓總統獲得充分的睡眠時間而刻意繞道2000公里
俄羅斯檢察總長說明校園恐怖攻擊為單一事件
北韓投誠者經第三國協助進入南韓，中國政府居中協調
NASA空中攔截回收艙作業失敗，樣本可能遭受污染
東北大學研究所發現半導體會產生輸送訊息的光子束
恐龍會撫養小孩？中國陸續挖出恐龍親子化石
圍棋名人戰熱鬧展開，挑戰者將全力以赴
從滋賀遺跡出土的三世紀中葉土器刻有漢字「卜」
圍棋名人戰將於9號在大阪展開第一局
水上勉先生的告別式訂於28日舉行
前身延山大學校長淺井圓道先生過世
長崎三味線演奏家田島佳子女士過世
NIKKEI NET
東京證券午盤低檔徘徊
日經平均期貨指數於高檔波動
MIZUHO合作銀行存款優惠利率調降0.05％
日銀決議維持目前金融政策
9號外幣個人買賣匯率
日圓持續升值，於12點提前封盤
SGX日經平均期貨收盤指數小幅滑落
早盤新興市場那斯達克平均指數連續5日滑落
外資購買國內債券續呈買超，8月已創過去新高
日銀採行穩定交易量方針，以維持現狀為目標
7月持續性黑字增加8.2％，共1兆6334日圓
日經平均指數於上盤波動
日經平均期貨指數每口落在1萬1200日圓後半起伏
10點日圓兌美元匯率停留在109日圓前半區間
10點早盤東京證券於小跌幅中徘徊

▲圖 6-5

第6章 5

運用心智圖來彙整人脈

對於業務員而言，人脈有著無可比擬的重要性，一般多是將人脈資料記錄在記事本上。而圖6—6則是以心智圖來整理人脈資料的範例。

製作人脈資料心智圖時，個人過去所有的經歷、特徵、職務等所有浮現於腦中的內容，全都可

運用心智圖來彙整人脈

以是思考方向，如此一來，你將從心智圖上發現自己的人脈網絡出乎意料地廣闊。

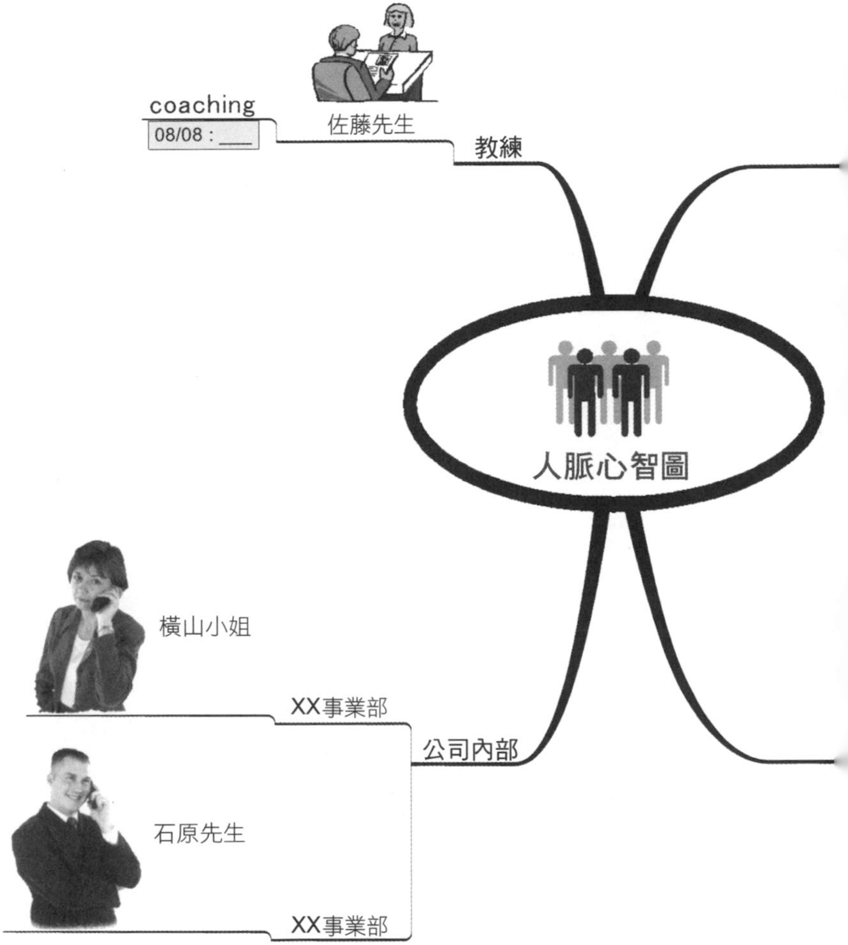
coaching
08/08 : ___
佐藤先生
教練
人脈心智圖
橫山小姐
XX事業部
公司內部
石原先生
XX事業部

▲圖 6-6

第6章

6

將書籍資訊整理成心智圖

對終日繁忙的業務員而言，要騰出時間閱讀商業書籍往往是難上加難，但若是可幫助自己達成目標的優良書籍，即使在當下無法立刻閱讀，也應將其列入待閱清單中，並另外找時間閱讀。

我個人已開發出將書籍搜尋結果轉換成心智圖的外掛程式（為心智圖軟體的附加功能），只要運用此程式，便能輕鬆地以心智圖格式呈現書籍資訊，如此一來，當發現自己所需的書籍時，即可迅速地將其列入待閱清單，以免遺漏。

Manufacture ：秀和system
ReleaseDate：
Price：￥ 1,050
More Info：Click this Icon
Author：宮澤弦
Author：椎葉宏
Author：片岡俊行
Author：新上幸二
Author：横山隆治
Author：手嶋浩己
Manufacture：Impress Japan
ReleaseDate：
Price：￥ 1,890
More Info：Click this Icon

將書籍資訊整理成心智圖

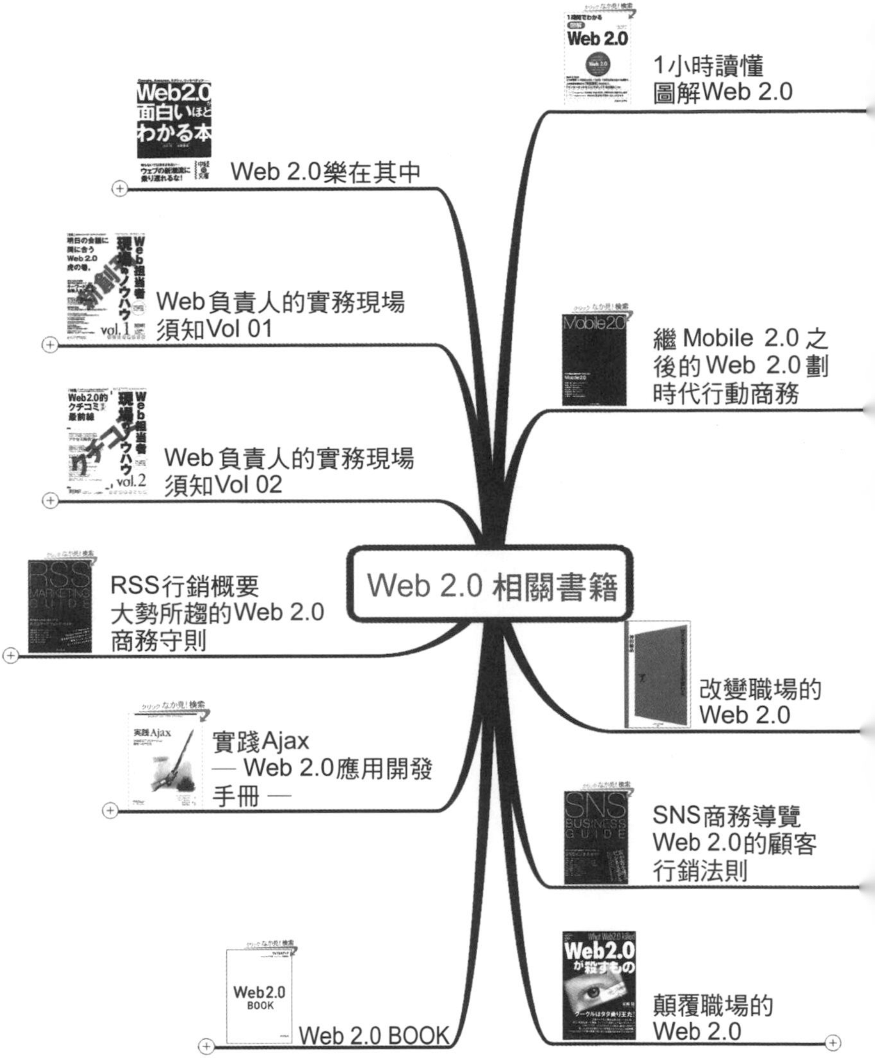

▲圖 6-7

第二部

第 7 章

開發認知

心智圖是種能將非形式知識轉換為形式知識的優質工具，同時也是最適合用來呈現知識的工具。

然而一般來說，「知識」與「認知」卻常被賦予不同的定義。所謂知識，指的是理解某項事物的內涵；而認知則包括能將知識運用於實際作業的部分。我們經常會聽到「那個人雖然知識豐富，但實際上卻派不上用場」之類的說法，從我的角度來看，認知是基於過往經驗所獲得的智慧，且通常屬於非形式知識，而不容易轉換成形式知識，這一點無論在哪個業界都一樣。某業界中的頂尖人才即使努力陳述個人的認知，一般人往往仍難以理解。因此，本章將針對心智圖與認知的關係詳加說明。

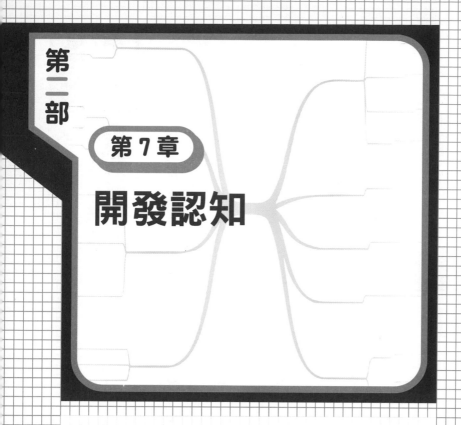

記錄資訊

各位讀者會藉由何種管道來收集所需的資訊呢?資訊的來源相當多元，包括網路搜尋、部落格、SNS（Social Networking Services，網路社交服務，如Facebook等）、書籍雜誌、口耳相傳或研討會等。而記錄資訊的方式則包括將其書寫於筆記、記事本、便利貼、卡片，或是使用各種電腦軟體。主要用來記錄資訊的電腦軟體則以Text Editor、E-mail、Spreadsheet（包括Excel在內的試算表軟體）等為代表。

另外，運用心智圖來記錄資訊也是相當不錯的選擇，無論是手繪或是電腦製作的心智圖均可。近來利用Wiki或部落格等方式，來將個人撰寫的文章放入網路資料庫的情形已相當普

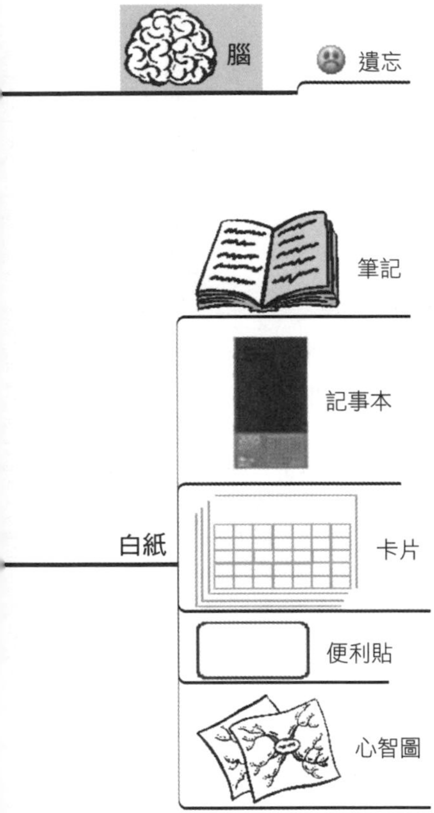

記錄資訊

遍。另外，能夠在瀏覽器上繪製心智圖並將其儲存於網路上的軟體也陸續推出。

完成紀錄後，該如何有效率地從中取出所需的資訊並進行加工呢？由於將其轉換為數位檔案予以保存仍是最有效率的方式，因此，應善用各種軟體或網路工具來進行記錄。

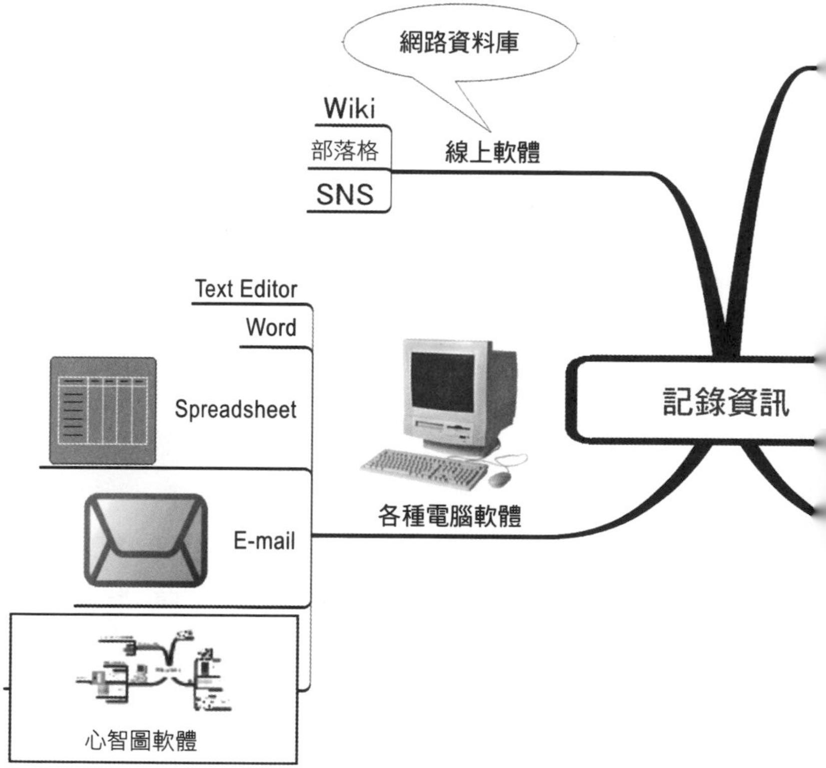

記錄資訊
線上軟體
網路資料庫
Wiki
部落格
SNS
各種電腦軟體
Text Editor
Word
Spreadsheet
E-mail
心智圖軟體

▲圖 7-1

第7章

2 分析資訊並加以整理

即使一口氣收集到許多零星資訊，往往也無法立刻派上用場。因此，必須將所記錄下的資訊加以分析，並根據需求進行加工及整理後，方能在實務上運用。當處理書面資料時，僅需具備「文件

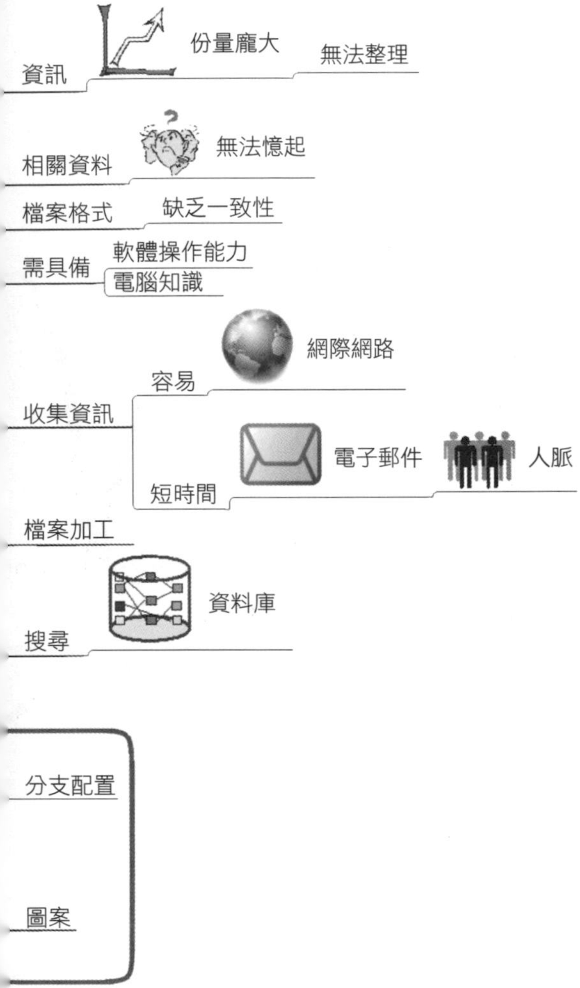

資訊
份量龐大
無法整理
相關資料
無法憶起
檔案格式
缺乏一致性
需具備
軟體操作能力
電腦知識
收集資訊
容易
網際網路
短時間
電子郵件
人脈
檔案加工
搜尋
資料庫
分支配置
圖案

分析資訊並加以整理

整理技術」即可；但當資料均為數位檔案時，必須考慮的問題也會隨之增加（參考圖7－2）。

❶將資料數位化的優缺點

數位檔案的缺點大致包括下列幾項：

- 資訊量往往超乎預期的龐大。

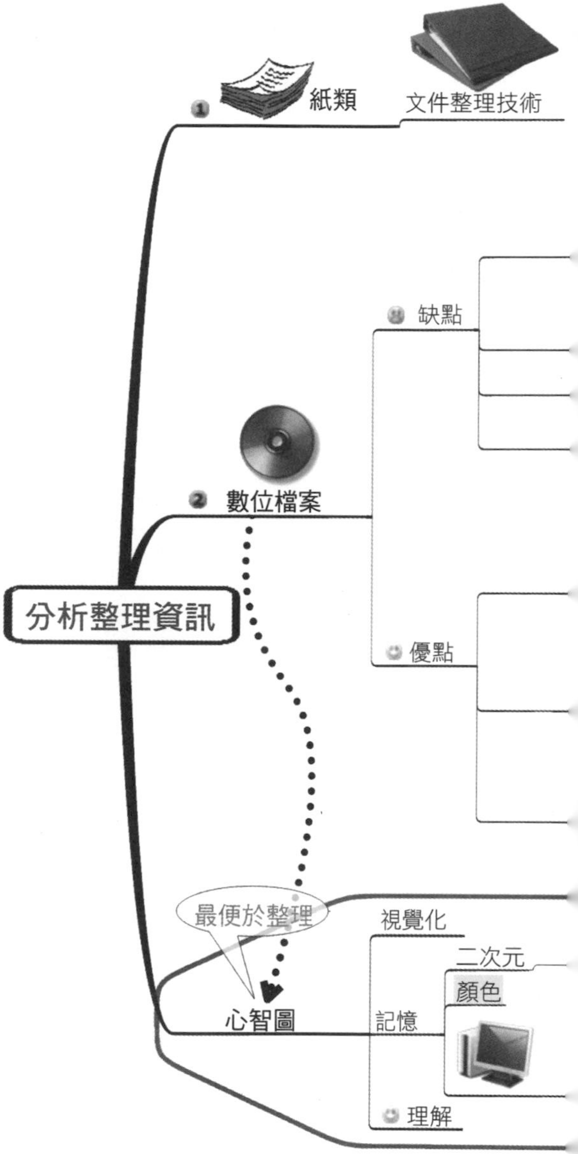

文件整理技術
紙類
數位檔案
缺點
優點
分析整理資訊
最便於整理
心智圖
視覺化
二次元
顏色
記憶
理解

▲圖 7-2

- 事後調出資料閱讀時，無法立即憶起該資料的相關事項
- 整理成數位檔案的資料缺乏一致性。
- 須具備ＩＴ操作能力（必須擁有電腦知識）。
- 須準備開啟該檔案的軟體。

而相較於以上缺點，數位檔案也擁有下列優點：

- 可簡化收集資訊的過程。透過網路可收集到比過去更龐大的資訊量（但也會提高獲得錯誤資訊的機率）。
- 可簡化資訊加工的過程，例如：要將文字檔轉換成Excel只須移動滑鼠即可完成。
- 透過郵件軟體將能在短時間內從他人身上獲得資訊。
- 能輕鬆地從網路資料庫中搜尋到所需資料。

❷使用心智圖來整理資訊

在整理資訊時，心智圖同樣能夠發揮功效，而當中又以心智圖軟體最適合用來整理資訊。心智圖能將所需資訊視覺化，並將其分門別類地置於各分支上，因而能使閱圖者透過二次元的記憶記住各資訊的所在位置。

另外，如能為分支上的文字加上顏色或圖案，即可讓閱圖者在閱讀文字的瞬間瞭解到「我所要

的資訊就在這裡」。

實際上，大多數的使用者並非只是把心智圖當作激發創意的支援工具，心智圖的資訊整理功能也是它廣受喜愛的原因之一。

3 創造嶄新認知

以知識為基礎，並實際參與執行，再藉由檢視結果獲得個人專屬的智慧，此過程即可稱為「創造認知」。由於實際行動後所獲得的體驗，會與個人情感產生強韌的連結，因此，認知也被認為是由「知識與情感結合而成」。由此可知，為了不斷創造出嶄新認知，個人必須更積極地提升五感的敏銳度。

我在ＩＴ產業擔任程式設計師時，每當遇上程式無法順利啟動的情況，便會嘗試許多套制式的解決程序，直到找出能解決該問題的程序為止。但是，這些制式程序往往難以使用語言或文章來表達，也就是說，大多數內容均是專屬個人的經驗知識。

提升五感的敏銳度

創造嶄新認知

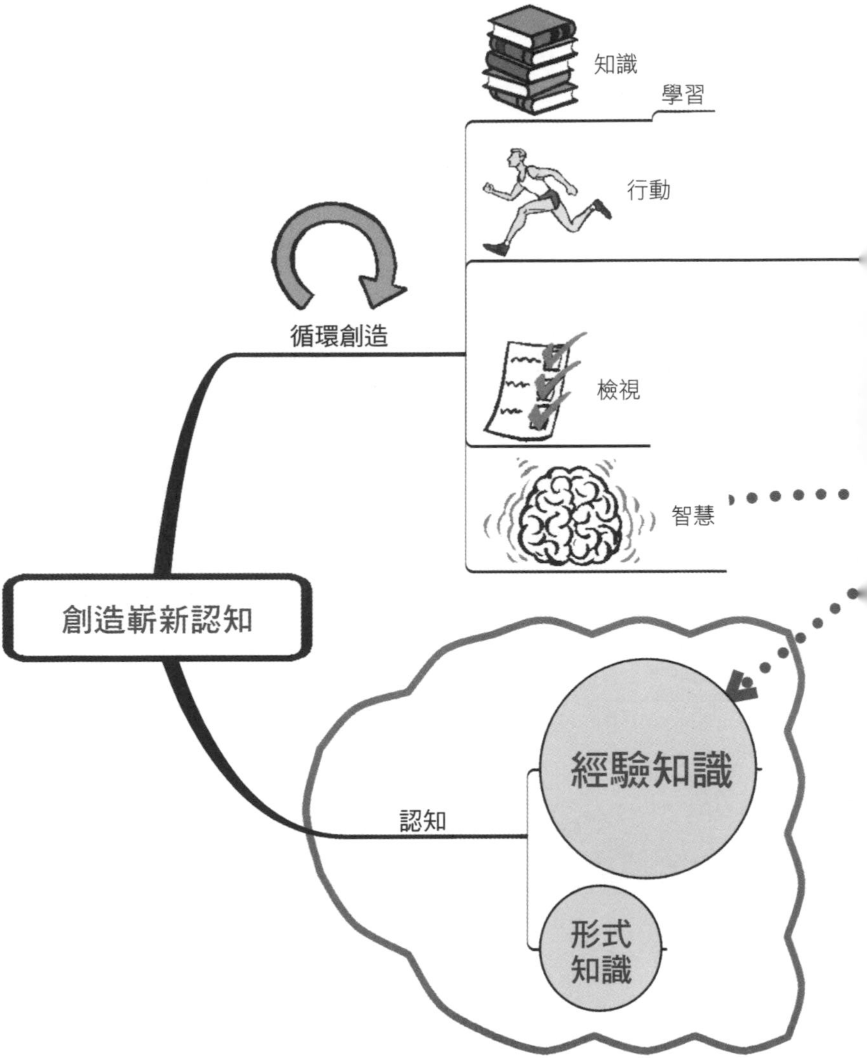

▲圖 7-3

4 累積認知

當創造出嶄新認知後，若不能將其化為某種形式保存下來，便可能隨著時間經過而遺忘，如此自然也就無法與其他職員分享。但由於包含情感在內的認知不易以言語或文句（形式知識）來表現，因此，一般的書面文字多被認為不適合用來記錄認知。

然而，有趣的是，當將欲記錄的內容草草記在紙上時，一旦回想起紙面雜亂無章的樣子時，便會立刻想起所記錄的內容。近來，許多知識管理系統雖然已能將從頭到達成為止的行動過程完整記錄下來，但仍無法將情感部分化為數位紀錄。

然而，若使用心智圖中分支的關聯性，並加上顏色、圖片、圖表、網頁等設計，即能將資訊同時傳達至左右腦，因此，心智圖被視為適合用來累積認知的工具。雖然以心智圖呈現的認知稱不上盡善盡美，但與既有的表現方式相較，仍是目前的最佳選擇。

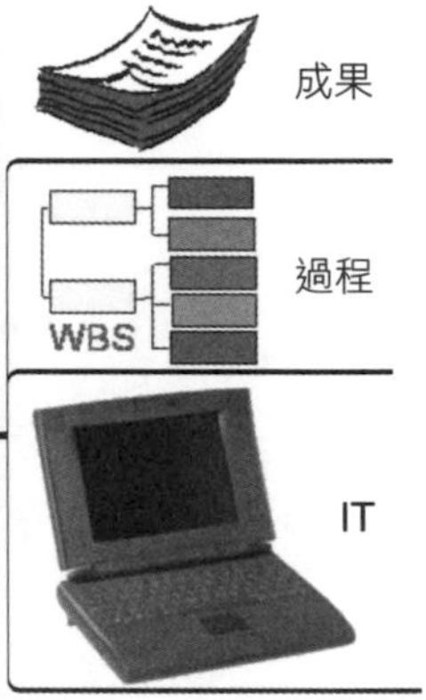

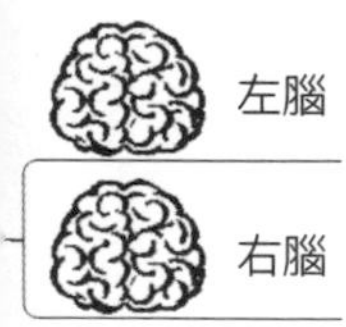

第1章
第2章
第3章
第4章
第5章
第6章
第7章
第8章
第9章

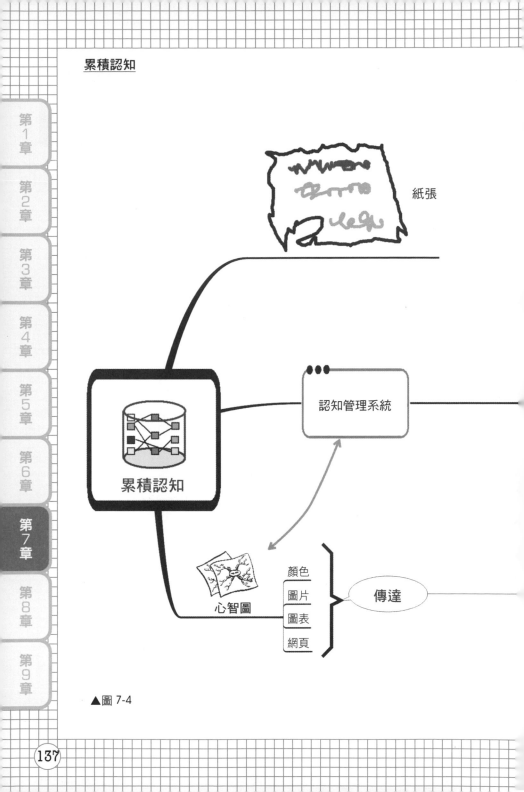

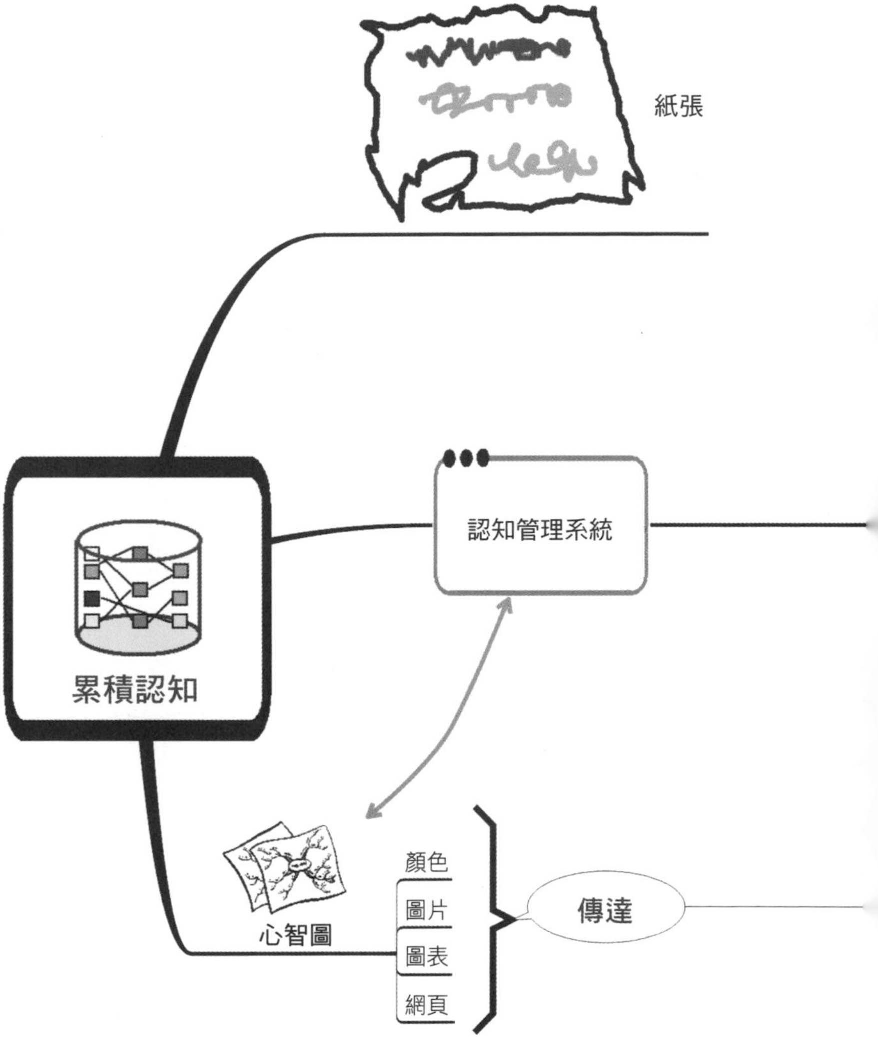
紙張
累積認知
認知管理系統
心智圖
顏色
圖片
圖表
網頁
傳達

▲圖 7-4

第7章 5 共享與活用認知

如何共享並活用所累積的認知，是接下來所需面對的難題。下述情形則是大多數人經常遭遇的問題：

❶隨著工作量增加，使得主動提供他人資訊的意願降低。

❷將經驗知識轉換為形式知識需要耗費許多時間，不敷成本。

❸即使將認知轉換為能共享的形式知識，實際上仍然無法發揮效用。

即時
全員
共有
簡便
省時
Excel
Word
PowerPoint
Text
本質

共享與活用認知

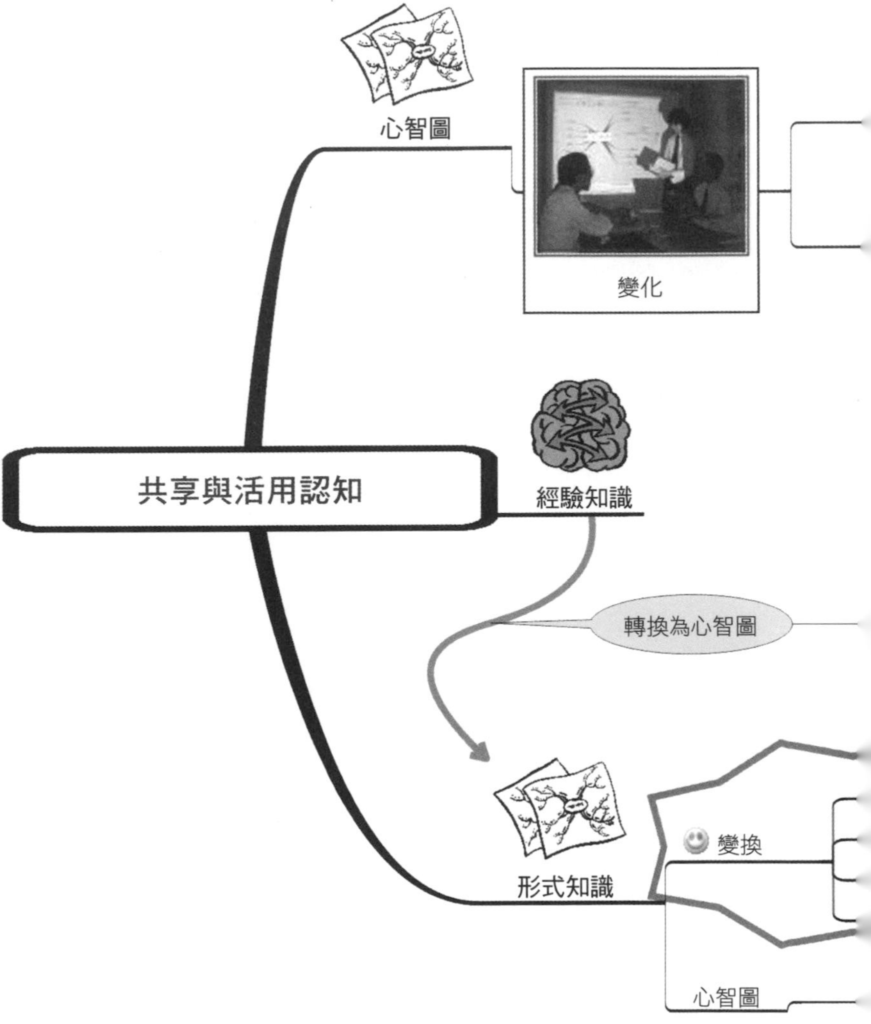
心智圖
變化
共享與活用認知
經驗知識
轉換為心智圖
形式知識
變換
心智圖

▲圖 7-5

想必有些讀者會認為，使用心智圖未必就能夠解決以上問題。但事實上，當團隊成員均能藉由心智圖即時反應個人意見時，共享認知也會變得更加容易，例如：透過投影機將電腦中的心智圖呈現在成員面前，並使所有人能夠觀看到心智圖的變化，這麼一來，便可加速成員共享認知的速度。

個人製作的心智圖所累積的資訊雖然不容易立刻讓閱圖者理解，但當對方逐漸習慣閱讀心智圖後，其傳遞認知的效率仍較純文字格式的文章要來得高。

此外，由於心智圖具有省時的優點，因此，使用心智圖來將經驗知識轉換為形式知識，也遠比其他方法來得簡單，而使用心智圖所呈現的內容也較容易轉換為其他檔案格式（如Word、Excel、PowerPoint、Text等）。由此可見，心智圖真可說是實踐認知共享的最佳幫手。

6 製作心智總圖

我將第128頁～第139頁中的五張心智圖範例整合成次頁的心智總圖。

為避免圖面過於繁雜，此圖省略了接近末端的分支。透過能綜觀整體架構的「心智總圖」及各心智圖詳細的製作流程，都使其更易於理解。

若能再善加運用電腦心智圖軟體（詳細內容見第8章），就能進一步簡化心智圖的分割、整合及連結等動作，如此一來，將可使「心智總圖」與各心智圖間的關係更加緊密、切換更加迅速。

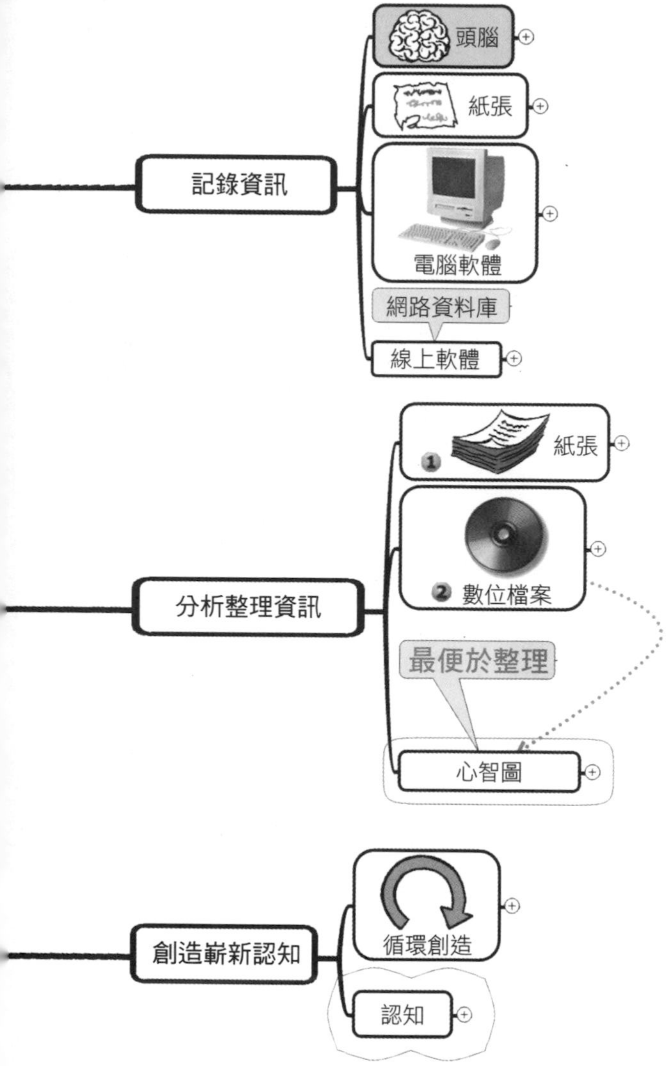

頭腦
紙張
記錄資訊
電腦軟體
網路資料庫
線上軟體
紙張
分析整理資訊
數位檔案
最便於整理
心智圖
循環創造
創造嶄新認知
認知

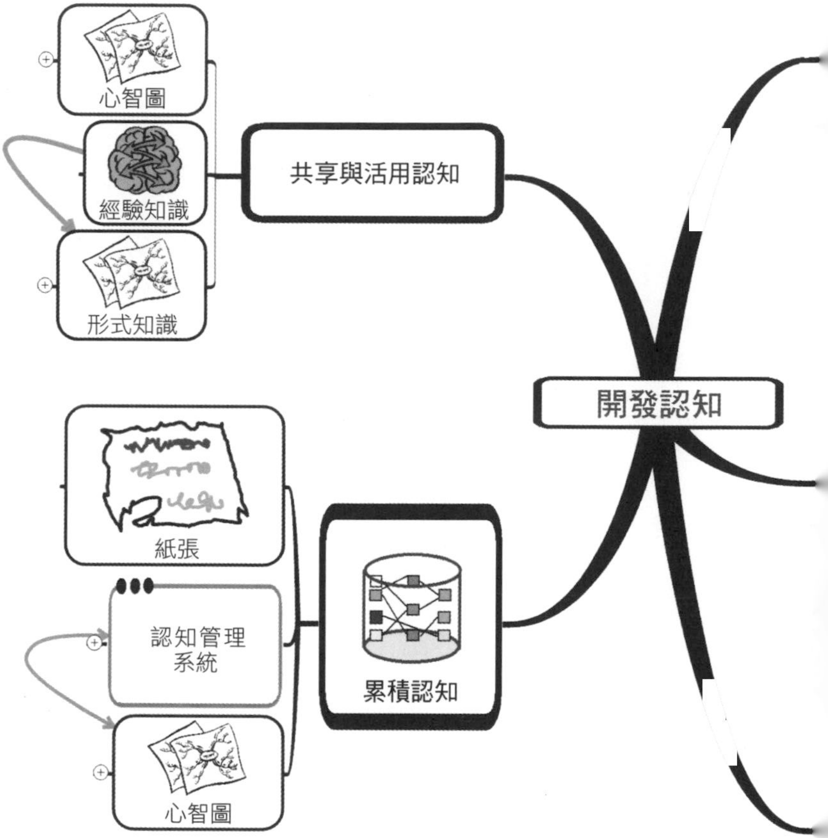

▲圖 7-6

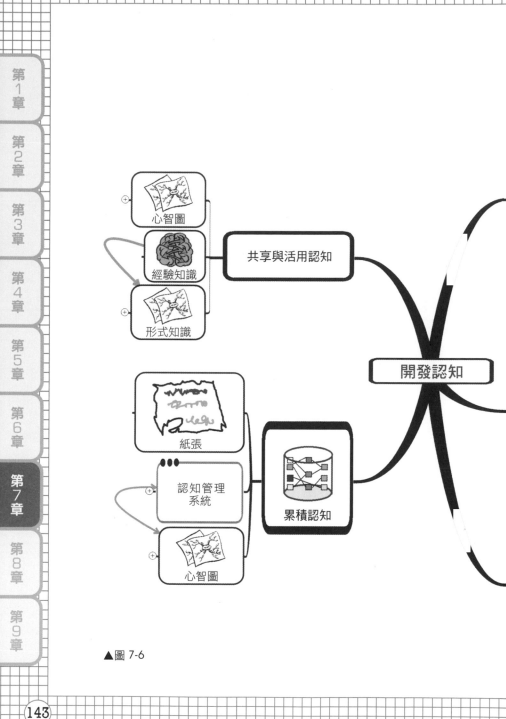

第二部

第 8 章

用電腦軟體製作心智圖

由於本書旨在介紹「心智圖於職場的運用」，因此，自然會預設各位讀者的工作環境備有電腦。在前面的解說當中，曾頻繁地提及「只要使用電腦心智圖軟體即可輕易完成心智圖」，而當中也介紹了許多種可繪製心智圖的軟體。接下來，我們則要進一步探討手繪心智圖與電腦心智圖的差異及各自的優點，並希望各位讀者都能學會使用電腦來繪製心智圖的方法。

（也請參考本書書末所附的訪談「深思熟慮方能繪製出簡單易懂的心智圖」）。

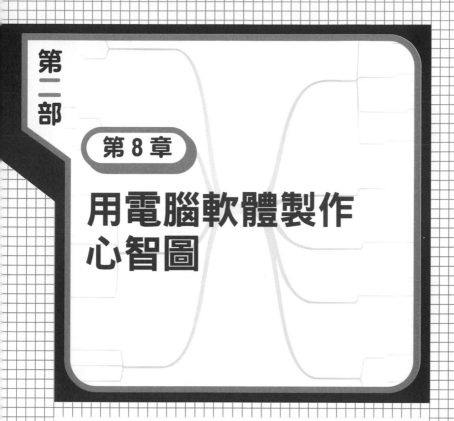

第8章 1

手繪心智圖的優點及表現限制

初次製作心智圖時，可先按照東尼・博贊所指導的方法來嘗試手繪心智圖。由於手繪線條的粗細差異與圖案均會帶給腦部強大的刺激，因而能夠有效地促發創意及記憶。

然而，手繪心智圖仍存在著如下的缺點：

● 對於不擅繪圖的人而言，繪製心智圖可說是相當吃力的工作。
● 配置版面時若無法取得平衡，整張圖便會顯得十分凌亂。
● 不易修正，而且要將圖中的某分支移向其他分支時也相當麻煩。
● 不容易同時刪除兩條以上的分支，刪除後也可能破壞整張圖的平衡。
● 無法表現出心智圖與心智圖之間的關聯性。當所繪製的心智圖有某分支與先前繪製的心智圖相關時，手繪方式將無法表現出兩者的關聯性。
● 繪製完成的心智圖無法重複使用，例如：要變更心智圖的內容時必須先影印，而要將兩份以上的心智圖整合成一份心智圖更是耗時費力。

尤其是將心智圖運用在工作上時，手繪方式往往無法確實因應各種狀況。目前絕大多數的企業都是以各式電腦軟體來進行作業，因此，如果不能從善如流地改以電子郵件傳送心智圖，或者將心智圖轉換為其他檔案格式，使其能透過投影機在會議中播放的話，便無法充分發揮心智圖所具備的功能。

實際上，心智圖的使用者多半會因應需求，來交互運用手繪及電腦繪圖兩種方式，而這也是心智圖最為理想的用法。

＊本章是以Mindjet Mind Manger軟體作示範說明，讀者可至官方網站下載試用版。

第8章
2
電腦心智圖軟體的優點

隨著ＩＴ工具的演進，電腦心智圖軟體所具備的操作性也令人刮目相看，其多元的功能更吸引許多Mind Mapper（心智圖愛好者）投入心智圖軟體的世界。接著，就讓我們來看看心智圖軟體具備哪些優點。

❶可輕鬆繪製出分支

❶只要點選「新增心智圖」，畫面中央便會出現主項目框。接著即可將作為主題的字串輸入其中。

❷接著按下鍵盤上的「Insert」鍵，便會自動增加分支，並且能於子項目框中輸入文字。

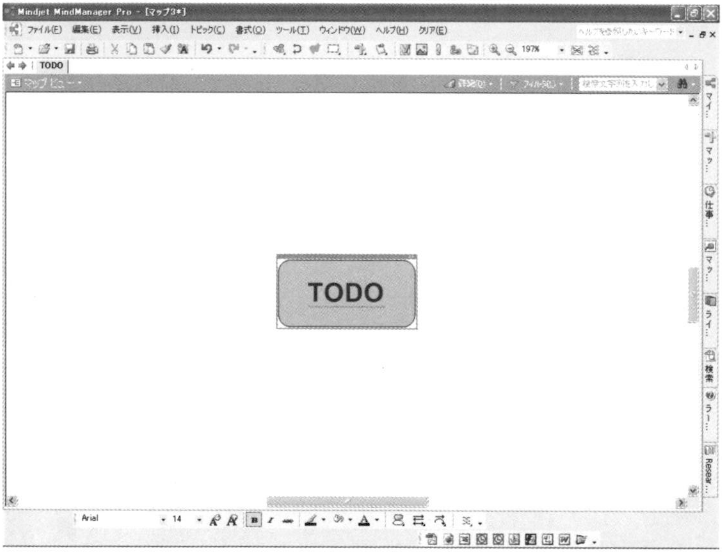

▲圖 8-1

心智圖軟體的優點

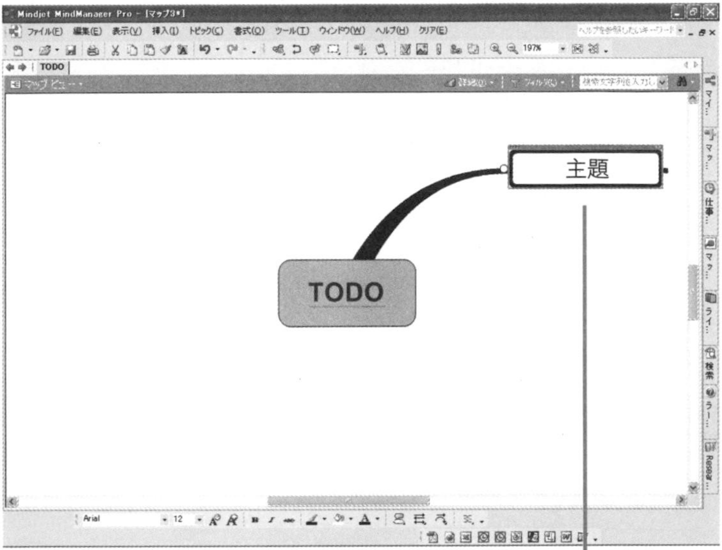

▲圖 8-2

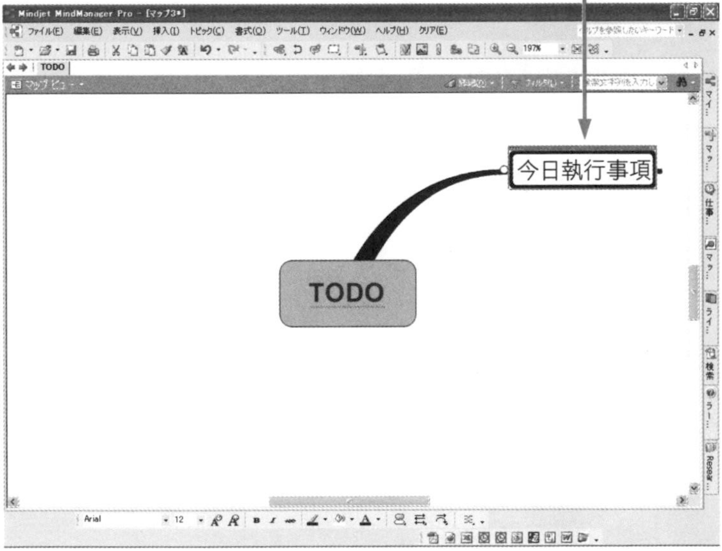

▲圖 8-3

❸接著按下「Enter」鍵，便會自動新增同階層的分支。

❹再次按下「Insert」鍵，便會自動新增第二層分支。

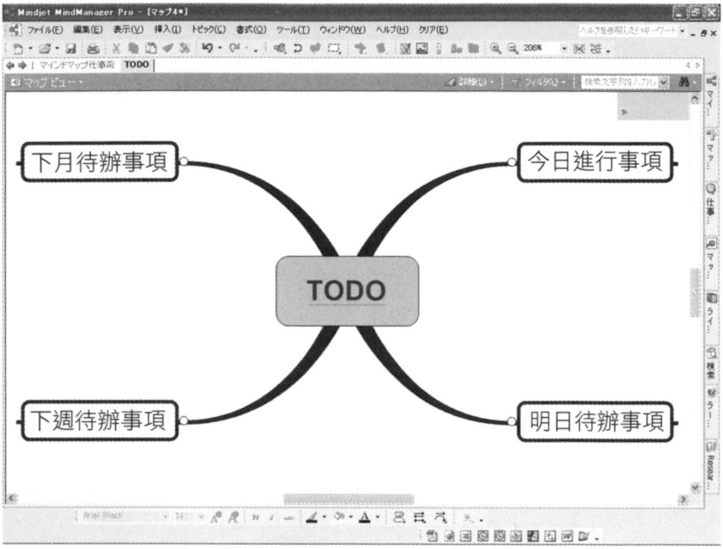

▲圖 8-4

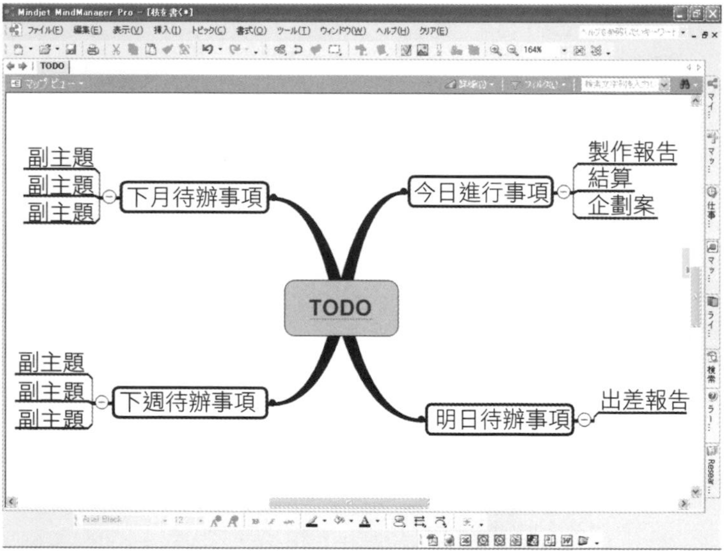

▲圖 8-5

心智圖軟體的優點

❷可輕鬆移動分支

只要使用滑鼠拖曳分支，即可輕易改變分支的位置。

在本案例中，是將下週拜訪B公司的準備作業移動至「本週進行事項」之下。

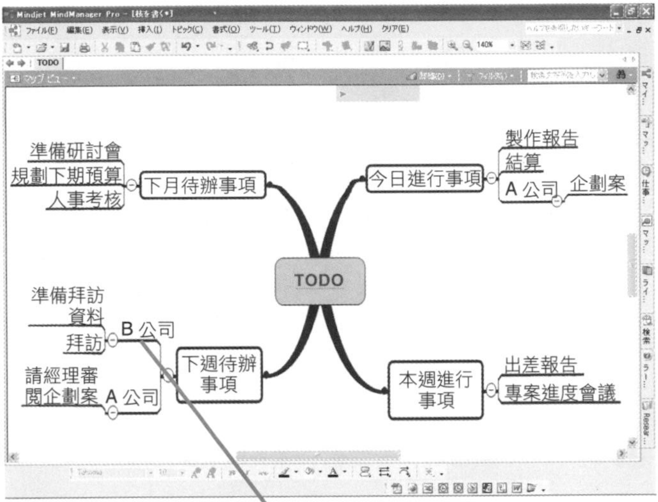

▲圖 8-6

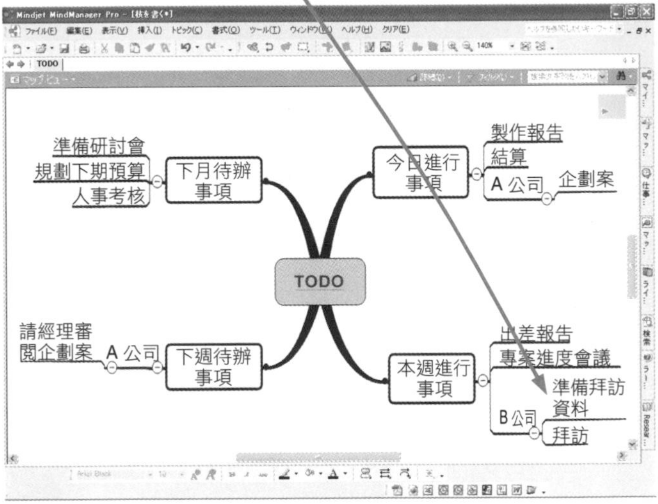

▲圖 8-7

❸不須另外繪製圖案

由於電腦中已有許多範例圖片可供選用，因此只須透過剪貼的動作，即可輕輕鬆鬆為心智圖變得更加豐富。另外，像是以手機拍攝的照片、從網路擷取的圖片，以及使用繪圖軟體繪製的圖像等，均可直接貼在心智圖上。

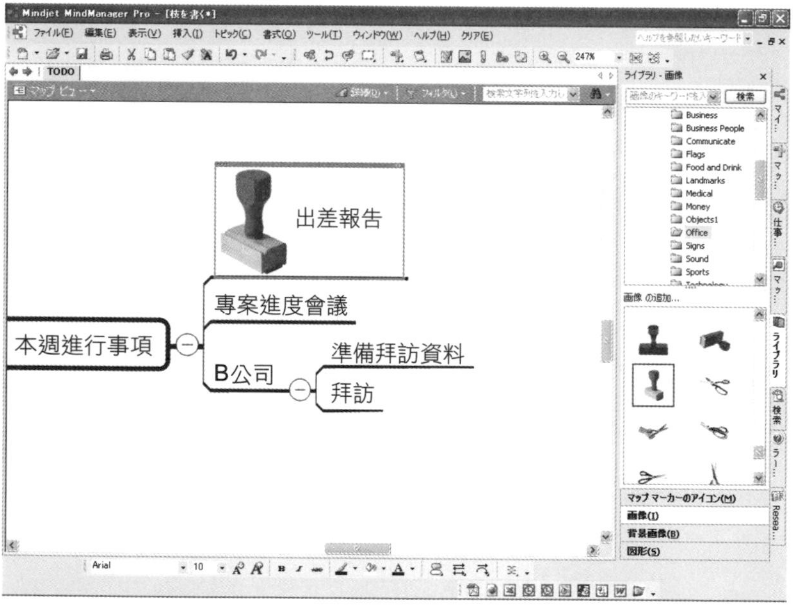

▲圖 8-8

心智圖軟體的優點

▲圖 8-9

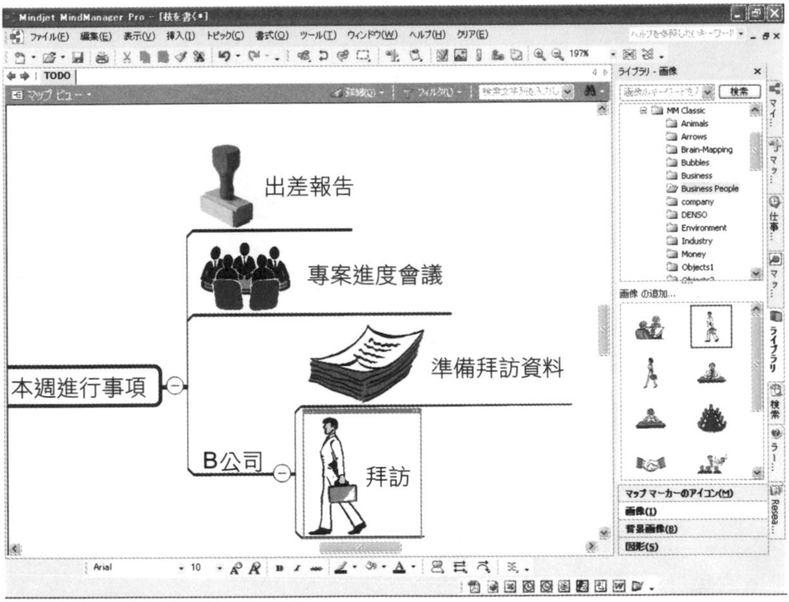

▲圖 8-10

❹方便的超連結功能

如同Excel等軟體一樣，心智圖軟體也附有超連結的功能，也就是能夠將電腦中其他心智圖檔案，或是Word、Excel等格式的檔案，與正在製作的心智圖「相互連結」。

舉例來說，當某分支的標題為「成果」時，若要使其與Word檔案連結，只要點選該分支旁的圖示，即可開啟符合該標題的Word檔。如此一來，在製作心智圖時便不會碰上思考中斷的情形。

此外，超連結功能也可用來將數張心智圖相互連結。由於將龐大的資訊量全數塞入同一張心智圖容易造成閱讀上的困難，所以並非理想的做法。若能將某階層以下的分支標題擷取出來，並另外製作一張心智圖，再透過超連結功能相互轉換，即可讓每張心智圖中的資訊變

▲圖 8-11

得層次分明。

❺簡化集中（整合）分支的動作

手繪心智圖時雖可在各主題下隨意增加分支，但在進行腦力激盪時，卻難以將乍現的靈感即時集中在同一個主題之中。

但只要使用心智圖軟體，即可立即將天外飛來的創意加入分支末端，之後也能輕鬆地完成整合作業。

❻易於轉換成其他檔案格式

以軟體完成的心智圖很容易就能轉換成微軟的Word、Excel等檔案格式，也可隨用途不同轉換成各種所需的文字檔案，因此能夠大幅提升文書處理的效率。

第8章 3

適合組織使用的心智圖

在工作上運用心智圖軟體，將可大幅提升工作效率。若懂得活用心智圖，並將其「輔助思考」的功能發揮至極致，便能藉由心智圖軟體將個人所持有的資訊一元化；舉例來說，若能將企業經營策略、個人職涯規劃及日常作業計畫等心智圖加以連結，整合成一張心智圖的話，不僅可提高各事務的決策效率，還可能因此找出平衡地處理各項工作的方式。從經營者的角度來看，心智圖也是能使員工深刻地意識到企業經營目標的工具。

心智圖自問世以來，經常被視為屬於個人使用的工具。然而，若從企業紛紛導入心智圖軟體且日漸普及的現況來看，便不難發現心智圖也具有能促進組織成員共享多元資訊的功能。

適合組織使用的心智圖

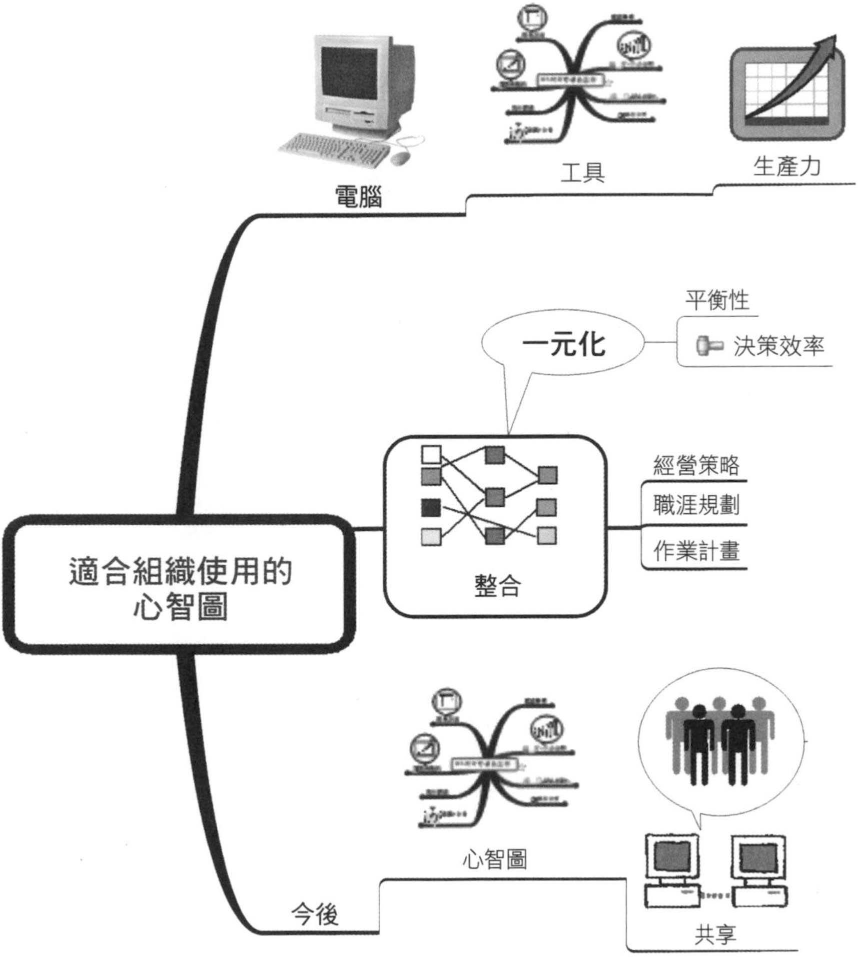
適合組織使用的
心智圖
電腦
工具
生產力
一元化
平衡性
決策效率
整合
經營策略
職涯規劃
作業計畫
今後
心智圖
共享

▲圖 8-16

心智圖軟體的種類

專欄

目前市面上已有許多種能在電腦上製作心智圖的軟體，當中包括可免費下載及需付費才能使用的軟體，我將幾個較具代表性的心智圖軟體整理如下：

名稱	特徵	作業環境	下載網址
FreeMind	經GNU GPL同意公開下載的免費軟體	Windows/Mac OS/Linux	http://freemind.sourceforge.net/
NovaMind	內建高品質的圖片資料庫，必須付費從網路下載	Windows/Mac OS	http://www.novamind.com/
JUDE/Think!	作為UML中JUDE的附屬軟體另外販售	Windows/Mac OS	http://www.change-vision.com/
MindMapper	內建行事曆、筆記本、使用者辨識功能，也能與Office相容	Windows	http://www.mindmapper.com/down/down.asp
MindManager	功能強大且齊全。除了能與微軟的Office相容之外，也能透過外接裝置的功能，來與其他系統連結	Windows/Mac OS	http://www.mindjet.com/products/mindmanager-8-win/overview
iMindMap	為東尼・博贊所設計的心智圖軟體，能製作出如手繪般的精美心智圖	Windows	http://www.imindmap.com/download/register.aspx

第二部

第9章

行動型心智圖

WILLCOM自二〇〇五年推出行動終端裝置W-ZERO 3至今，其使用人數的成長幅度已遠超出預期。此終端裝置的作業系統配備有「Windows Mobile」、弧形鍵盤、無線LAN及解析度640×480的畫面，不但可編輯Word、Excel等檔案格式，也能開啟PowerPoint檔。另外，此行動終端裝置還能啟動心智圖軟體「Pocket Mind Map」。

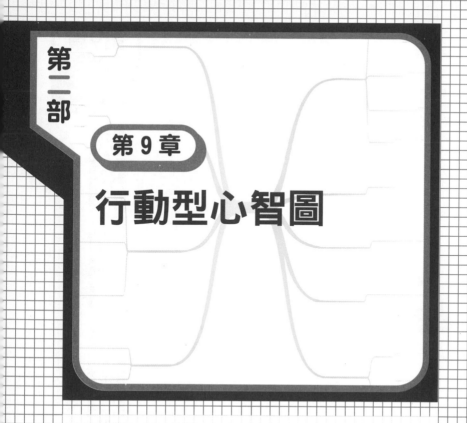

第9章

1 外出時也不忘繪製心智圖

使用電腦繪製心智圖到某個階段時，卻因為外出等因素而必須暫時中斷作業，等到再重新開啟電腦時常會發現思考已無法連貫，而無法接續之前的作業。為避免這樣的情形，許多人外出時都會選擇以手繪方式持續作業。

然而，此方式仍存在著一項缺點，那就是回到公司後，必須將手繪的心智圖重新以電腦心智圖軟體再製作一次；當中也有人認為將手繪心智圖直接留存使用即可，不須再另外製作電腦檔案。

但事實上，以電腦重新製作心智圖確有其必要，其最主要的理由在於，唯有數位檔案才能與其他心智圖相互連結，如此才可使所有資訊都能夠隨時取用。若希望返回公司後，能將外出時製作的手繪心智

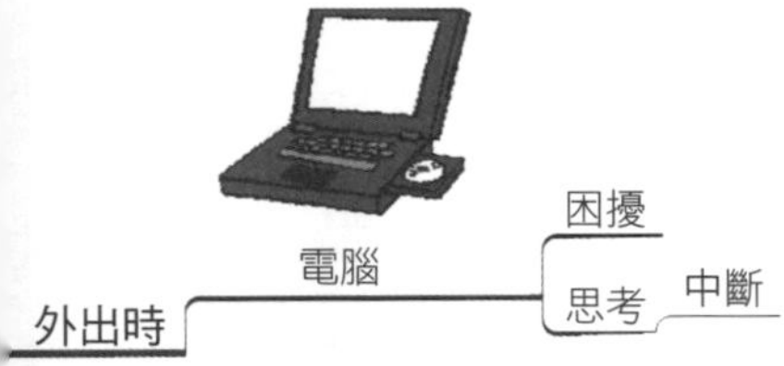

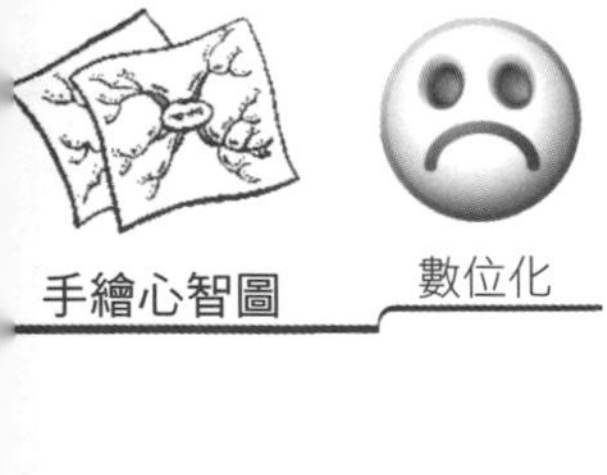

圖與電腦中原有的心智圖相互連結，那麼重新建檔仍是必要的。

日本的PHS業者WILLCOM所開發的W-ZERO3手機內建有「Pocket Mind Map」軟體，可讓人隨時隨地將忽然湧現的靈感加入心智圖中，也可隨時調閱與客戶相關的心智圖，可說是極為便利的工具；而其最受好評的優點在於開機及啟動軟體十分迅速，因此也不會造成思考中斷的情況，當創意劃過腦海時，即可同步地將其加入心智圖中。

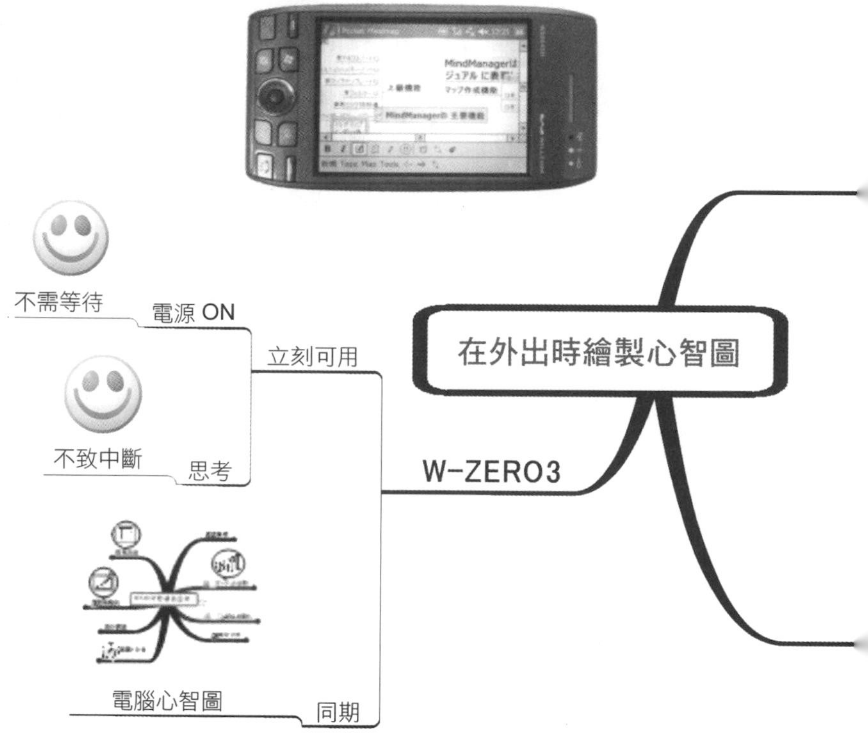

▲圖 9-1

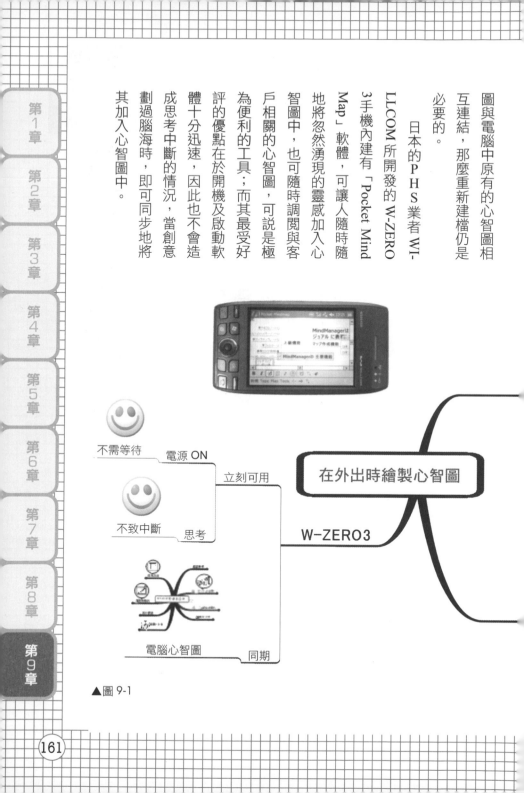

第9章

2 W-ZERO 3與Mind Manager的綜合應用

透過行動終端完成心智圖後，應立刻將其傳送至公司的電腦中以防遺漏。而Windows Mobile即具備將檔案與電腦同步化的功能。簡單地說，只要使用USB轉接線將W-ZERO 3與電腦相互連接，保存於W-ZERO 3之中的心智圖檔案便會自動複製到電腦中。此外，當檔案有所增減時，此功能也會自動進行掃描，使電腦與W-ZERO 3兩硬體中的檔案不會出現不一致的狀況。

另一個重要的問題則是：以W-ZERO 3製作的心智圖是否能以電腦中的心智圖軟體開啟。使用W-ZERO 3內建的Pocket Mind Map軟體時，除了可將檔案轉換成電腦心智圖軟體Mind Manager的格式外，也可直接開啟Mind Manager的檔案。

藉由檔案同步化與檔案互換等功能，以行動設備製作的心智圖如今已可輕易地存入電腦中。外出時除了以手繪方式製作心智圖外，也可能為了迎合客戶需求，而必須以行動設備製作心智圖，因此，唯有因應場合來選擇最適當的心智圖製法，方能真正提升作業效率。

▲圖 9-2　WS004SH

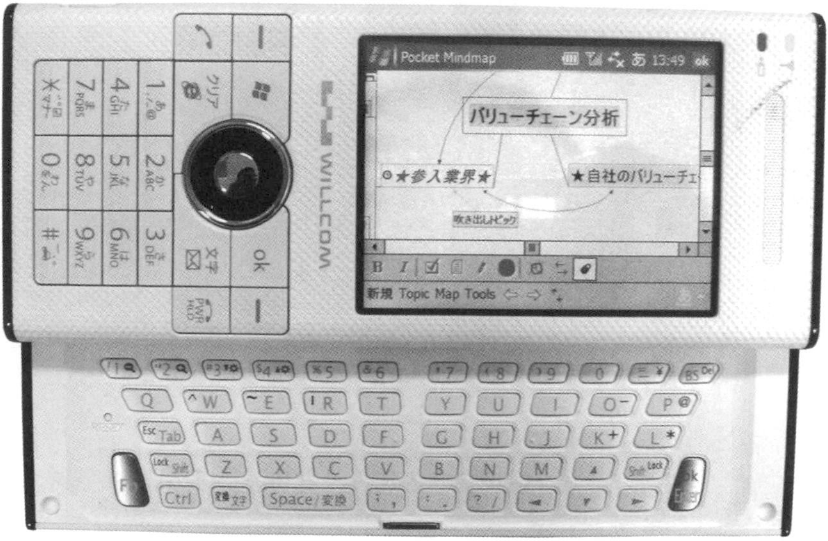

▲圖 9-3　WS007SH

來賓 最首英裕×作者 中野禎一

深思熟慮才能繪製出簡單易懂的心智圖

Eihiro Saishu

EC-One有限公司
董事長

Teiji Nakano

心智圖已成為今日職場中不可或缺的重要工具，另一方面，企業IT化的步伐同樣未見停歇。在此情形下，能於IT環境運用的心智圖便應運而生，當中也出現了唯有運用IT技術才能達成的操作方法。

在此，有榮幸訪問到目前日本系統軟體開發產業中的龍頭企業的經營者，同時也是運用心智圖的箇中高手最首英裕先生。他將針對「心智圖於職場中的應用」及「利用電腦製作心智圖」等，深入淺出地暢談繪製心智圖的訣竅。

以心智圖軟體完成手繪心智圖所無法處理的事項

中野●請談談您第一次接觸心智圖的背景。

最首○我們公司開始使用心智圖大約是三、四年前的事。當時我正致力於尋找能夠整合思考的工具，幾經嘗試後我決定選用心智圖。起先我選擇的是免費的心智圖製圖軟體，但不是很好用。因為心智圖軟體本身若缺少「深度」，便無法完整地反映出使用者的思考內容。而Mind Manager則具備能讓製圖者充分發揮創意的完備功能，與我理想中的心智圖軟體相當接近，所以從那時開始便一直使用到現在。

中野●哪些事項是只有透過Mind Manager才能處理的？

最首○我們主要將此軟體運用在手繪心智圖無法處理的事項上（之前中野先生認為，與其選用免費但使用不便的心智圖軟體，手繪製作的心智圖反而更符合需求）。如今，無論是與客戶開會時需說明的內容，或是要提給客戶的企劃案，我們幾乎都是以心智圖的形式來製作。

我認為心智圖就如同曼陀羅一樣。曼陀羅以大日如來為中心，周遭圍繞著諸佛，而每位神佛又自成中心，構成另外一個小世界，並不斷如此衍生……這樣的結構與心智圖有許多雷同之處。

與客戶對話時，我會盡量顧及各方面的問題以維持對談的整體性。此時若使用Mind Manager，就可將範圍逐漸擴大的討論內容適當地加以切割，如此一來心智圖也會隨之拓展；接著再找出各主題的相關要素後加以連結……只要按照這樣的流程來進行，討論內容就會變得條理分明而易於理解。

由於我們所從事的軟體開發工作性質極為複雜，因此，面對這類工作或執行結果難以預測的專案時，我們便會一面採取「俯瞰」的方式來檢視整體內容，一面以鑽研各項細節的方式來進行作業，而Mind Manager即可完美地實現這樣的思考模式。此外，透過此軟體所完成的心智圖，也能將各種概念以明確、簡潔的形式表現出來。

簡單易懂的心智圖

中野●第一次看見心智圖的客戶之中，是否有人表示「看不懂」呢？

最首○沒有，不曾遇過有客戶如此反應。若真的有客戶說「看不懂」，我想也不是因為心智圖法本身難以理解，而是因為心智圖畫得太過複雜的關係（笑）。但無論如何，到目前為止確實沒有遇過客戶表示心智圖不易理解的狀況。

中野●真是令人讚嘆。這樣的成果是否應歸功於心智圖的設計有過人之處呢？

最首○嗯，我本身並不覺得自家公司的心智圖特別優秀。我想，繪製心智圖時最重要的就是事前的設定。若在繪製過程中陸陸續續地加入許多思慮不周的內容，便可能出現支離破碎的成品。因此，在作業前應多花點心思規劃心智圖的內容及架構。（指著某張心智圖）像這個就是將預備提交給某客戶的企劃案製作成心智圖的範本（見下一頁上圖）。

中野●這的確是張相當容易理解的心智圖。即使是以PowerPoint製作的檔案也未必能與之匹敵呢。

最首○畢竟用PowerPoint製作的檔案整體看起來還是稍嫌複雜。

中野●繪製心智圖時，是否有需要遵守的原則呢？

最首○我們公司規定必須將自己拍的照片貼在心智圖上作為背景（笑）。如此一來，印刷之後的圖面就會相當精美，像

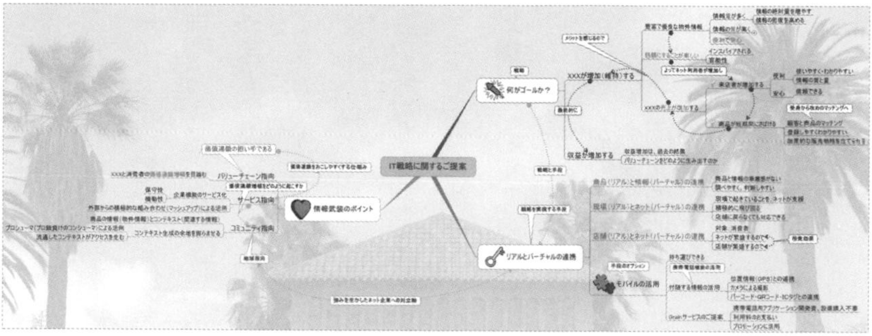

這張心智圖便是以史丹佛大學的校園為背景所製作的心智圖。

此外，我們也會運用宏觀（Marco）理論來配製心智圖的版面。宏觀理論的重點在於脈絡，也就是以放射狀的心智圖來表現某概念的構成要素與流程，並以箭頭來標示出脈絡的方向。我們會先用這個方法統整企劃概念，並以A3紙印出製作完成的心智圖再交給客戶。之後的會議均會根據這份心智圖來討論，並同步進行修正或切割等後續作業。如此一來，不僅可充分掌握整體企劃內容，也較容易於修正過程中加入客戶的意見。

中野●哇，這真是個相當棒的創意呢。

最首○許多客戶也表示，能共享內容且能隨時加入新意見的心智圖確實相當不錯。最後只要在修正過程中盡量加入視覺效果，使整個圖面看起來美觀易懂即可，但必須避免過於複雜（畫蛇添足），例如：若要在心智圖中加入一條線，就必須註明「加入該條線的理由」，藉以防止圖面上出現意義不明的多餘線條。

中野●製作心智圖果然是一項耗時費力的作業呢。如果是自己使用的心智圖，在繪製時便不須注意這麼多細節；但若要與他人共享，就得投注較多的時間來繪製才行。

善用心智圖副本

最首○這是和方才所提的內容完全不同的心智圖（企劃案），並且是由長久以來的價值鏈逐步變化而成。當我們在說明如何思考提案中應強化的部分（是否須提高價值）時，以及針對結論思考實踐方法時，心智圖均能充分發揮簡化說明過程的效果。

中野●原來如此。

最首○首先使對話雙方對一個大方向產生共識，如此便能決定在第一階段中應強化的內容。接著在討論執行方法時，若出現遲遲無法定案的情形，我們便會提出「製作心智圖副本」的建議（由公司負責製作）並開始繪製，如此一來便會出現另一張心智圖。

中野●也就是說，當討論內容過於艱澀時，便可將論點移向心智圖副本嗎？

最首○是的。舉例來說，當原本的心智圖中有個新創意逐漸擴展時，我們就會提議以該創意為中心另行製作「心智圖副本」，使該創意能於其專屬的心智圖中盡情發揮。如此一來，不僅可隨時與正本的中心主題相互對照，必要時也能將副本重新放入正本中。

中野●簡直就像是在心智圖中

漫遊的感覺呢。

最首○由於一開始我們便會交給客戶一張A3大小的心智圖正本，因此當討論的基準換成副本時，客戶便能明確地知道「目前討論的是另一項主題」，並且針對該主題提出許多新意見。

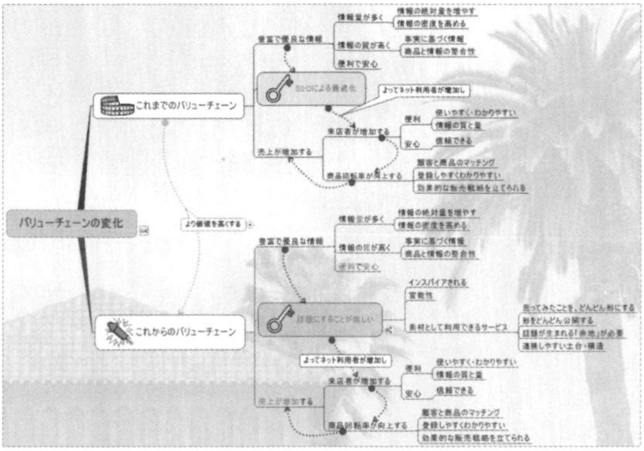

此外，「以共同的主題進行彙整」也是我們公司會下達的指示之一，例如：共同的關鍵字為「材料化」時，我們便能從相互連結的心智圖正副本中，找出所有與「材料化」相關的項目，再利用編排功能整理至同一個頁面中。

中野●聽起來似乎都是些難度頗高的技巧呢。

最首○由於Mind Manager均有提供API（Application Programming Interface，應用程式介面）位址，因此作業上並不如想像中的困難。只要是會使用VBA（Visual Basic for Application，應用程式巨集語言）操作Excel的人，應該都能夠完成這些作業。

製作心智圖副本的準則

中野●製作心智圖副本時，有哪些應遵守的準則呢？

最首○只有幾項相當簡單的準則，例如：每張心智圖上的照片都必須設定為六百萬畫素，且必須由心智圖製作者親自拍攝，照片大小也不可超出既定的版面。另外，若一張心智圖中的Nest（巢狀群組）超過四~五個的話，整體結構便會顯得混亂而難以辨識，此時就必須將過多的Nest取出，並製作成另一張心智圖副本。

中野●也就是說，「易於辨識的程度」就是製作心智圖副本的重點囉？

最首○所製作的心智圖數量一多，就常會發生一些麻煩的問題，例如：不小心違反「照片大小不可超出既定版面」的規定時，心智圖看起來就會顯得有些雜亂。當討論集中於某項主題而必須深入探討其要素時，我們便會製作心智圖副本。而製作副本的第一步驟仍然是選擇背景圖片（笑）。這是我們公司製作心智圖時堅持的重要原則，像有些主題應搭配秋天的天空作為背景，或是以蔚藍的海洋作為背景等。

激發創意的技巧

中野●這麼做的話，開會時的氣氛就會有所改變嗎？

最首○是的。我們會在會議中提示與會者，「請將天空當成是描繪創意的場所，盡情地發表意見」，並且還會針對「天空」提出詳細說明，例如：「這張照片是在二〇三高地拍攝的大連天空」（笑），或是「這是在史丹佛大學拍的照片」、「這是博多的海」等等，這樣便會吸引與會者的注

二〇三高地天空▶

◀博多的海

意，並持續專注在心智圖上。想製作出概念完整的心智圖時，以天空或海洋作為背景確實較容易激發創意。另外，我個人也認為，選用適當的背景圖片還能夠改變對方的情緒，

例如：「針對某項主題進行深入探討」時，只要刻意改變心智圖背景，如將天空或海洋改為百花盛開的圖案，與會者的思考也會隨背景而產生改變。心智圖的基本優勢即是視覺性強，且能以生動的圖解內容提升傳達效果，加上使用電腦繪製的心智圖能夠置入照片作為背景，對我們來說真的是相當方便。

中野●有些人會因為電腦圖像過於制式而不易投入感情，但您卻反其道而行，運用照片來激發創意，真是非常卓越的技巧呢。

最首○透過電腦也可將圖像貼在心智圖上，例如：複製客戶公司的網頁畫面再予以加工，就可完成多采多姿的各式圖案。如果覺得用電腦製作的圖案過於死板，改用照片也會是不錯的選擇。

淺顯易懂與難以理解的心智圖之間的差異

中野●製作一張「淺顯易懂的心智圖」需要用上哪些技巧？

最首○心智圖之所以會變得難以理解，多半是由於製作者未妥善配置心智圖內容的緣故。若發現主題不夠明確，就應朝簡化心智圖結構的方向努力，如此一來，個人的思考也會更有邏輯。

中野●也就是說，能否完成一張淺顯易懂的心智圖，還是決定於個人的能力囉？

最首○撰寫易於理解的文章，以及深入淺出的表現手法等，都是共通的必備能力，但當中有一項不變的事實，那就是未經製圖者咀嚼的內容絕對無法被完美地表現出來。若製圖者將自己未充分理解的內容置入

其中，往往就會完成一張連本人都難以說明的心智圖，結果便會造成雙方溝通不良的尷尬情況（笑）。

中野●這確實是相當尷尬的狀況呢（笑）。

最首○心智圖的優點就在於易於使用，且能輕鬆地表現出各種概念，也能在繪製過程中同步進行資料管理，這也是心智圖與PowerPoint最大的不同點。

中野●原來如此。

最首○因為PowerPoint無法在製作過程中同步進行資料整理。

中野●而心智圖則能夠將準備好的資料整理得有條有理。

最首○正是如此。PowerPoint必須從目次開始逐頁製作，並在每一頁中加入所需的插圖，以軟體開發的用語來說，就是所謂的「Waterfall」（指循序漸進地完成作業的模式）。而心智圖則稱為「Iterative」（反覆作業），但用「逐步開發」（一步步修改並完成各部分結構，以提升整體作業精密度的模式）來形容心智圖，似乎更貼近實際使用時的情形。

中野●也就是說，心智圖即是藉由反覆進行綜觀整體作業內容與調整細部結構等動作來輔助思考的工具囉。

與BSC的相似性

中野●方才您提到許多關於透過視覺化來引導客戶規劃大型企劃案的方式，這些方式是否也可運用在其他日常作業呢？

最首○是的。像這個就是根據敝公司的營運策略所製作的特大型心智圖。進行說明時，我們會先告知客戶「這是我們所思考的內容」。

首先，為了達成當中的「目標」，就會在「營運架構」的主題下置入經營策略、系統策略與服務策略等分支內容，並針對各項策略的結構進行說明。為避免細節部分的說

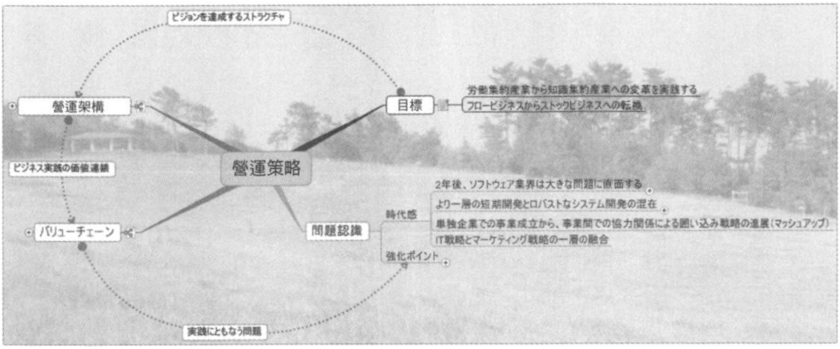

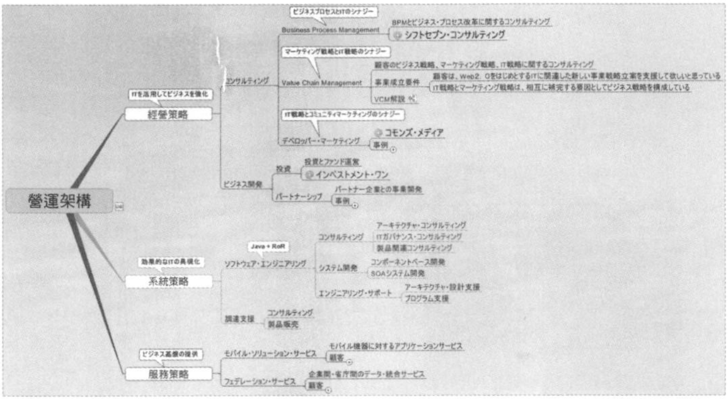

明過多而導致圖面雜亂，我們會將整體圖面以弧形結構呈現。心智圖中包括為達成「目標」所設定的「營運架構」，以及為實踐該策略的「價值鏈」。此價值鏈能創造出足以提升市場知名度及簽約機率的動人提案，當企業能持續穩定成長時，收益自然也會逐漸增加。將這些內容統整於心智圖中，即可明確地分析出一家公司的優勢與弱勢。這與所謂的BSC（Balance、Score、Card）戰略心智圖有許多雷同之處。

中野●原來如此，目前BSC戰略心智圖的使用率也確實相當高。

最首○但是從字面上來看，「BSC的戰略心智圖」容易讓人覺得難以理解，因此才會衍生出「價值鏈」的名稱。我認為，從未來、現在和過去等時間點，來思考適合企業採行的策略，即是BSC重點所在，例如：致力於強化員工的「學習與成長」雖無法立刻為企業創造利益，但只要持續實行這樣的措施，未來必能提升企業競爭力，進而使顧客滿意度上升，而為企業帶來更大的收益。而心智圖正是最適合用來描繪這類連鎖關係的工具。由於「行動計畫」（Action Plan）或KPI（Key Performance Indicator，關鍵績效指標）等內容或數據不易以BSC表示，因此才會將其全部統稱為價值鏈，而更具體的內容則可運用心智圖副本加以詳細標示。

於宏觀與微觀之間往返

中野●貴公司在執行專案時，會先決定出具體的行程表後再開始作業嗎？

最首○會的。我們不會過度鑽研細節，但會先將大概的內容做成心智圖後，與對方的負責人共同敲定各項作業的完成日，當對方不擅長閱讀心智圖時，則會將其轉成Microsoft Project檔案後再交給對方。此時的重點應放在如何決定各項作業的定位，例如：當自己不明白所負責的工作對整個專案有何影響時，經常就會對自己的工作產生疑問；如果是在軍隊中，或許會灌輸部屬「捨棄思考，絕對服從」的觀念（笑），但在企劃過程中則必須深刻地瞭解「個人的工作所代表的意義」，並根據該意義來設定策略，進而採取行動，我認為這樣的過程對公司而言極為重要。簡單來說，就是必須經常往返於宏觀觀點與微觀觀點之間，才能避免遺漏任何關鍵部分。

中野●也就是說，對於缺少這種認知的員工，應時常灌輸「你所負責的工作對公司整體策略有著舉足輕重的影響力」這樣的觀念囉？

最首○是的。但事實上在執行上常會遭遇困難。除了認知不同的問題之外，當實際開始進行工作時，常會在企劃主題上打轉，而忽略了個人的重要性。這點從心智圖副本中即可一目了然。而在執行專案的過程遇上這種情況時，就應引導員工找出其參與專案的「初衷」，並使其瞭解「原先所設定的目標」，也就是藉由適時轉換觀點的方式，來避免員工迷失於工作之中。

中野●您會使用以宏觀觀點製作的心智圖來引導員工嗎？

最首○並不是針對所有員工進行引導，而是集合幹部一起閱讀心智圖，藉以確認「現在我們進行的是哪一部分的工作」。但前提是每位與會者都會使用心智圖才行。

深思熟慮

中野●在公司裡常會出現主管會議所決定的事項無法確實實踐的情形，而針對這點目前已有許多改善方法，如使用群組軟體公布決定事項，以達成共享等。相較之下，心智圖的效果又如何呢？

最首○我想，大型公司與我們這樣的小型公司所採取的對策可能有些差異。但我認為，若要使員工能接納公司的方針，首先必須讓主管階層能確實理

解這些方針的內容。以前我們也曾經集合全公司的職員進行宣導，但後來發現，即使聲嘶力竭地對員工們講了一兩個小時，聽者其實還是一知半解（笑）。加上因為顧慮到周遭的人，使得員工也不敢針對自己不清楚的部分發問。然而，若能先讓幾位重要幹部深入理解所要宣導的內容，他們便能將這些內容轉換成更具說服力的說法，也能更有自信地回答部屬所提出的質疑。

　即使經過轉換的內容與原先公司所要宣導的內容有些許出入，但實質上，仍可算是傳達成功了。

　同樣地，利用心智圖來傳達事情時，也不該直接將圖丟給員工，而必須在員工的面前進行說明並實際操作，才能使對方真正理解自己想傳達的內容。

中野●我也經常發現，即使將自己所繪製的心智圖交給他人，對方往往也難以理解圖中所要表達的內容。唯有一起閱讀心智圖並共同進行分支的增減，藉此來共同參與內容及過程的變化，對方才能瞭解圖中的含意。

　話說回來，貴公司運用心智圖所開發的企業引導技術確實相當驚人呢。

最首○謝謝您的誇獎。目前有巒多人將Mind Manager中的心智圖版面不加修改地就直接拿來使用，我常會覺得真是沒有創意呢（笑）。

中野●那麼，如果要正確地使用心智圖，應該注意哪些重點呢？

最首○我想重點就在於「深思熟慮」。我在製作心智圖時，一定會認真地思考分支的粗細配置、顏色的使用，以及該於何處加入背景等細節。

中野●在我所訪問過的Mind Manager使用者中，有許多人都僅使用黑白兩色來製作心智圖，事實上，若能加入些許圖案或照片來修飾，便能使心智圖呈現截然不同的效果。

最首○是的。相較於以Power-Point製作文案時插入圖案的困難度，Mind Manager軟體中所附屬的資料庫準備有相當豐富的標準圖案，無論是便利性或效果，都更加出色。

中野●在我的客戶之中，也有人會在新品發表會所用的心智圖中貼出商品的照片。

最首○我本身則是經常使用煙火綻放的圖案，並加上「我們將會為您帶來爆炸性的成果。碰！（笑）」之類的生動解說，如此一來，對方便能瞭解到我們的努力。

中野●圖案與照片確實具有超乎想像的力量呢。

最首○因為它們能夠傳達情感。即使將文字加粗（放大），也無法達到相同的成效（笑）。雖然有人常說電腦無法做出如手繪般的效果，但實際上，只要善加運用圖案或照片，也能做出不遜於手繪的成品。

心智圖的適用與不適用的場合

中野●在經營上，您會如何運用心智圖呢？

最首○當我想向他人說明經營理念等複雜概念時，就會使用心智圖，例如：對於原本像是契約書般的條列式內容，我就會先轉換成心智圖格式再行思考，另外就是將一般的文字檔案轉成心智圖等。

中野●近來日本為了日本版的SOX法案（Sarbanes-Oxley Act，沙賓法案，又稱企業改革法。此法嚴格要求企業財務資訊的透明性和正確性，相關

的業務流程也必須有所規範）吵得沸沸揚揚，心智圖是否有助於思考「將業務流程明確化以備審核」之類的規範呢？

最首○嗯～該怎麼說呢。我認為業務流程這類內容並不適合用心智圖來思考。因為業務流程屬於組織作業的一部分，例如：「處理訂單」這類業務必定有一套固定的程序，並且得由負責的部門來處理該業務，因此，能創造出多元表現的心智圖便會變得無用武之地，也無法發揮其可激發「創意」的功能。

中野●我過去也曾思考過心智圖所具有的「多元性」。我們的思考其實也是由多次元構成的呢。

最首○沒錯，比方說，我們看起來只有兩個項目相互連結著，但其實它們各自又與其他項目連結，這就是所謂的多次元。

中野●若以心智圖來表示制式內容，反而會使其變得更艱澀難懂，對吧？

最首○心智圖仍有其適用與不適用的場合。若想依循日本版SOX法整頓企業內部體制，而必須尋找過程中的問題點與實踐方法時，即可利用心智圖來輔助思考。然而，當內容已成「既定規則」時，將其繪製成心智圖往往只會提高其複雜性，因此，採用其他工具來輔助或許會比較合適。

簡報

中野●您會利用心智圖來做簡報嗎？

最首○會的。

中野●您認為目前使用心智圖和PowerPoint製作簡報的趨勢為何？

最首〇過去多數人都會使用PowerPoint製作簡報，但今日這種情況似乎漸趨式微了。

中野●那麼，在提出心智圖簡報時，是否需要掌握縮短分支長度等訣竅呢？

最首〇雖然以Mind Manager製作簡報的方式已越來越普及，但我本身仍處於摸索軟體的階段。

中野●一般聽見使用PowerPoint製作的簡報，通常都會聯想到充滿文字與表格的內容，以及發表者看著手邊資料邊進行解說的漫長會議，結果常造成與會者完全沒將發表內容聽進去的尷尬情況（笑）。因此，近來也出現將PowerPoint中的文字減少的做法。

最首〇我本身並不會刻意減少簡報內容的字數，但會將簡報資料全數整理在同一張心智圖上，影印後發送給與會者，再請與會者邊看著手上的資料，邊聽台上的簡報，來加深對內容的理解。

中野●喔，這也是相當不錯的方法呢。

最首〇在說明時，我並不會提到像「本公司的商品功能是……」這樣的制式內容，而會以概念作為說明的主軸，因此較適合使用心智圖來製作簡報。

中野●從EC-One的網站上就可瞭解到貴公司所販售的是「服務」等抽象商品，並不容易用簡短的文字作詳細說明，因此，導入心智圖想必也會使商品概念變得更容易傳達才對。

最首〇是的。然而，在使用心智圖進行簡報時，仍有許多客戶會感到有些不知所措。由此可見，雖然心智圖的知名度提升了，但能夠得心應手地使用的人似乎比想像中還少呢。

理論與感性？

中野●雖然心智圖軟體是能夠輕易上手的工具，但像您如此煞費心思地為其增加內容的使用者就相當少見了。您的技巧等級可說已遠遠超過一般的使用者了。大部分的人通常都是以預設版面加入黑白文字與線條，就算完成一幅心智圖了呢。

　請問您使用心智圖的技巧能否透過學習獲得呢？或者也是親自摸索才逐漸瞭解的？

最首○這個嘛，以上色過程來說，我都是憑直覺來決定「這裡用藍色」、「這裡應該填滿茶色」（笑）。然而，並非每個人都能仰賴直覺作出合適的判斷。以前我在大學時期就讀的是文組，也曾玩過一陣子音樂，因此對於理論和感性之間的平衡有一定的把握。玩音樂的朋友也經常能夠從聲音聯想到顏色，例如：聽見D調就會聯想到最明亮的黃色。

中野●喔～（笑）

最首○因此，即使心智圖的主題是比較理論性的，還是能透過許多方法創造出理論與感性平衡的圖面。此時，選擇顏色及線條粗細等要素就變得相當重要，而這些要素也代表著製圖者的個人特色。

中野●也就是說，只有黑白兩色的心智圖也算合格囉？

最首○只有黑白兩色恐怕是不夠的（笑）。簡單來說，從顏色能看出製圖者的用心程度，比方說，即使演奏相同的樂器，有名的大衛山朋與我所奏出的音樂也不會一樣。除了乍聽之下我的音色明顯遜色許多，我們之間還存著超越技巧的差異，那就是個性，如旋律中就蘊含著個人專屬的堅持。使用心智圖進行簡報時，同樣可從圖面的用色及圖案等表現個人獨特的個性。我這麼說或許會有人認為，即使是雜亂無章的圖面應該也能代表個人的風格，但若與簡報基本的格式規定落差過大的話，仍可能造成閱圖者的困擾。

此外，如果將這份資料印成A3大小時，我們也會以三折式裝訂，來將其製成書本格式後再交給客戶。

中野●喔，真是精闢的解說呢。

最首○畢竟我們必須提供付費客戶等價的商品才行。完成後的資料本當然也不能隨意塞進塑膠袋，而得經過精美的包裝後才能交給客戶……。

中野●真的是面面俱到呢。

最首○如此便能讓客戶瞭解到我們公司的特色。

中野●想必客戶也會因此對貴公司另眼相看吧。

圖面表現決定訊息傳達的成敗

最首○想確實傳達個人的想法，關鍵就在於心智圖的表現方式。如果缺少適當的表現方式，那麼心智圖的效果頂多只能發揮三成左右。因此，除了要在圖面上使用各種圖案外，在每條分支線上清楚註明「此線所代表的意義」也相當重要。從前我曾因為在心智圖上寫著「此線代表A、B及C等等」而被上司訓了一頓，「與其寫『等等』，不如把所有內容清楚列出來，才能使閱圖者瞭解其所代表的意義。」該位上司就是日本IBM公司的首位日籍高級主管後藤三郎先生。他特別要求心智圖的圖面表現必須清楚易懂。他常說，「要避免畫出意義不明的分支線，如果畫出了分支線，就要明確地註明其意義。」

中野●許多人常會在圖中使用

箭號，但代表的意義卻常因人而異，如此也會造成理解上的困難呢。

最首○我本身會利用思考圖面的顏色配置來稍作休息。就和準備考試一樣，讀英語感到疲累時，就改讀國文來轉換心情，不過，這並不表示我個人喜歡國文（笑）。同樣地，藉由改變圖面的顏色、加入新的分支或圖案等方式，也能使緊繃的思緒獲得放鬆的機會，待休息過後即能重新深入思考圖面的配置。

將心智圖當成圖畫來看

中野●最首先生除了重視心智圖的階層與整合性等理論上的要求之外，對於心智圖的豐富性，也有像是「背景應使用天空的照片」這樣獨到的堅持，兩者並重的均衡概念真是令人相當敬佩呢。

最首○應該每個人都會這樣想吧？畢竟都是業界人士（笑）。

中野●大多數的人都會比較偏重某一方呢。

最首○當我要說明心智圖的內容時，大多數人確實會先聯想到「架構」的部分。但是實際上，心智圖的本質就如同發明人東尼・博贊所指出的「單純的文字排列將無法讓人留下印象」，必須透過欣賞圖畫般的觀點，才能將內容深植於腦海中。因此，心智圖中的圖像必須能讓人產生一定的印象，並擁有一定的完成度才行。

中野●我本身已習慣在繪製心智圖時加入色彩及圖案，所以也經常跳過文字而只從圖案來看圖面，結果反而能更迅速地理解內容。

最首○當雙方都採取這樣的觀點時，談話便會從文字轉移到圖案上，例如：「讓我們先來看看左下方的圖案。」「啊，

原來是這樣。」「接著請看右側的圖案。」而且這樣的對話所能傳達的資訊量反而更多。

中野●就像是將心智圖投影在雙方的腦中再進行對話的感覺吧。

最首○另外，心智圖也能代表一個人記憶及理解的機制，像是可以看出製圖者想要強調哪個部分，或是加強某處與某處之間的關聯性等，對方究竟抱著什麼樣的想法，其實都可以從其繪製的心智圖來理解。

中野●也就是說，只要請對方繪製心智圖，就可從圖中看出對方的思考模式囉。

永遠未完成

中野●您覺得心智圖是否能視為企業累積認知的工具呢？

最首○目前的心智圖雖然未臻成熟，但將其用於會議等場合時，確實具有引導與會者更加踴躍地發言的效果。相較之下，PowerPoint就只能單方面地要求與會者接收內容。此外，心智圖隨時都能像是未完成品般可再新增或修改內容，我認為這都是心智圖的絕佳優勢。從這些觀點來看，能使企業溝通管理更為順暢的心智圖，的確有資格作為累積認知的工具。

又如製作呈給客戶的企劃案時，PowerPoint只能不斷地增加內容張數，實際交給客戶時常給人多餘的感覺。而以心智圖製作的企劃案，則可在會議中由雙方共同進行追加與修改的動作，因此較能博得客戶的歡心。我們公司將以前到現在所製作過的數十種心智圖依時間悉心保管著，只要看過這些心智圖，相信你的問題應該就能獲得完美的解答了（笑）。

商標

心智圖為英國博贊協會有限公司（Busan Organization Limited）的註冊商標。

參考文獻

【基本】

東尼・博贊（Tony Buzan）
《The Mind Map Book》
Diamond社，2005年

片岡俊行
《心智圖練習本》
秀和System，2006年

【應用】

松山真之助
《心智圖閱讀術》
Diamond社，2005年

中野禎二
《心智圖圖解術》
世茂出版有限公司，2009年

【相關書籍】

Gregory T. Haugan，《Effective Work Breakdown Structures》，Management Concepts，2001年

史蒂芬・柯維（Stephen R. Covey），《The 7 Habits of Highly Effective People》，Free Press，1996年

（以下四本日文書照原書內容）

富田真司、『52の販促手法9の事例7のテソプレートでつくる企画書』、翔泳社、2006年

富田真司、『提案書・企画書がスラスラ書ける本』、かんき出版、2005年

田口・安藤・平林・角・和田・金子・角谷、『Life Hacks PRESS デジタル世代の「カイゼン」術』、技術評論社、2006年

石川洋、『メソタリソグ・バイブル改訂版』、スマートビヅョソ、2006年

國家圖書館出版品預行編目資料

心智圖超強工作術：提升效率，共享 know-how / 中野禎二作 ； 石學昌譯. -- 初版. -- 臺北縣新店市 : 世茂, 2009.12
面； 公分. --（銷售顧問金典 ； 52）

ISBN 978-986-6363-26-9（平裝）

1. 事務管理　2. 工作效率　3. 創造性思考

494.4　　98018230

銷售顧問金典 52

心智圖超強工作術——提升效率，共享 know-how

作　　者／中野禎二
譯　　者／石學昌
主　　編／簡玉芬
責任編輯／謝佩親
封面設計／山今伴頁工作室
出 版 者／世茂出版有限公司
負 責 人／簡泰雄
登 記 證／局版臺省業字第 564 號
地　　址／（231）台北縣新店市民生路 19 號 5 樓
電　　話／（02）2218-3277
傳　　真／（02）2218-3239（訂書專線）
（02）2218-7539
劃撥帳號／ 19911841
戶　　名／世茂出版有限公司
單次郵購總金額未滿 500 元（含），請加 50 元掛號費
酷 書 網／ www.coolbooks.com.tw
排版製版／辰皓國際出版製作有限公司
印　　刷／世和印製企業有限公司
初版一刷／ 2009 年 12 月

I S B N ／ 978-986-6363-26-9
定　　價／ 250 元

黏貼處

世茂好書・豐富心靈
世潮精典・智慧同行

電話：(02) 22183277
傳真：(02) 22187539

廣告回函
北區郵政管理局登記證
北台字第 9702 號
免貼郵票

231台北縣新店市民生路19號5樓

世茂
世潮 出版有限公司 收
智富

黏貼處

讀者回函卡

感謝您購買本書，為了提供您更好的服務，歡迎填妥以下資料並寄回，
我們將定期寄給您最新書訊、優惠通知及活動消息。當然您也可以E-mail：
Service@coolbooks.com.tw，提供我們寶貴的建議。

您的資料（請以正楷填寫清楚）

購買書名：________________

姓名：________　生日：____年____月____日

性別：□男　□女　E-mail：________________

住址：□□□____縣市______鄉鎮市區______路街
______段____巷____弄____號____樓

聯絡電話：________________

職業：□傳播　□資訊　□商　□工　□軍公教　□學生　□其他：____

學歷：□碩士以上　□大學　□專科　□高中　□國中以下

購買地點：□書店　□網路書店　□便利商店　□量販店　□其他：____

購買此書原因：___ ___ ___ ___ ___ ___（請按優先順序填寫）
1封面設計　2價格　3內容　4親友介紹　5廣告宣傳　6其他：____

本書評價：___ 封面設計 1非常滿意 2滿意 3普通 4應改進
___ 內　容 1非常滿意 2滿意 3普通 4應改進
___ 編　輯 1非常滿意 2滿意 3普通 4應改進
___ 校　對 1非常滿意 2滿意 3普通 4應改進
___ 定　價 1非常滿意 2滿意 3普通 4應改進

給我們的建議：________________